牧区 半牧区 草牧业
科普系列丛书

牧区舍饲半舍饲养羊技术

张晓庆　金艳梅　主编

U0230137

中国农业科学技术出版社

图书在版编目（CIP）数据

牧区舍饲半舍饲养羊技术 / 张晓庆，金艳梅主编 . —北京：
中国农业科学技术出版社，2016.2
ISBN 978 - 7 - 5116 - 2517 - 5

Ⅰ. ①牧…　Ⅱ. ①张… ②金…　Ⅲ. ①羊 - 舍饲　Ⅳ. ①S826

中国版本图书馆 CIP 数据核字（2016）第 033392 号

责任编辑　闫庆健　张敏洁
责任校对　马广洋

出 版 者　中国农业科学技术出版社
　　　　　北京市中关村南大街 12 号　邮编：100081
电　　话　(010)82106632(编辑室)　(010)82109704(发行部)
　　　　　(010)82109709(读者服务部)
传　　真　(010)82106625
网　　址　http://www.castp.cn
经 销 者　各地新华书店
印 刷 者　北京华正印刷有限公司
开　　本　710mm ×1 000mm　1/16
印　　张　10.75
字　　数　193 千字
版　　次　2016 年 2 月第 1 版　2016 年 2 月第 1 次印刷
定　　价　50.00 元

序

我国牧区半牧区面积广袤，主要分布在北方干旱和半干旱地区，覆被以草原为主，自然环境比较恶劣。自古以来，牧区半牧区都是我国北方重要的生态屏障，是草原畜牧业的重要发展基地，是边疆少数民族农牧民赖以繁衍生息的绿色家园，在保障国家生态安全、食物安全、边疆少数民族地区稳定繁荣中发挥着不可替代的重要作用。

近几十年来，由于牧区半牧区人口增加、气候变化以及不合理利用，导致大面积草地退化、沙化、盐渍化。

党和国家高度重视草原生态保护和可持续利用问题，2011 年出台了《国务院关于促进牧区又好又快发展的若干意见》，确立了牧区半牧区"生产生态有机结合、生态优先"的发展战略，启动实施"草原生态保护补助奖励机制"，2015 年中央 1 号文件提出"加快发展草牧业"，2016 年中央 1 号文件进一步提出"扩大粮改饲试点、加快建设现代饲草料产业体系"，为牧区半牧区草牧业的发展带来难得的历史机遇。牧区半牧区草牧业已成为推动我国农业转型升级、促进农牧民脱贫致富、加快实现现代化的重要突破口和关键着力点。然而，长期以来，牧区半牧区农牧民接受科技信息渠道不畅，科技成果应用和普及率不高，草牧业生产经营方式落后，生态和生产不能很好兼顾等因素，制约着草牧业的可持续发展，迫切需要加强草牧业科技创新和技术推广，引领支撑牧区半牧区草牧业现代化。

在农业科技创新工程大力支持下，中国农业科学院草原研究所组织一批中青年专家，编写了"牧区半牧区草牧业科普系列丛书"。该丛书贯彻"顶天立地"的发展战略，以草原生态保护与可持续利用为主线，面向广大农牧民和基层农技人员，以通俗易懂的语言、图文并茂的形式，系统深入地介绍我国草原科技领域的新知识、新技术和新成果，帮助大家认识和解决牧区半牧区生态、生产、生活中的问题。

该丛书编写人员长期扎根牧区半牧区科研一线，具有丰富的科学知识和实践经验。相信这套丛书的出版发行，对于普及草原科学知识，推广草原科技成果，提升牧区半牧区草牧业科技支撑能力和科技贡献率，推动草牧业健康快速发展和农牧民增收，必将起到重要的促进作用。

欣喜之余，撰写此文，以示祝贺，是为序。

中国农业科学院党组书记

陈萌山

2016 年 1 月

《牧区半牧区草牧业科普系列丛书》
前　　言

　　牧区半牧区覆盖我国23个省（区）的268个旗市，其面积占全国国土面积的40%以上，从远古农耕文明开始，各个阶段对我国经济社会发展均具有重要战略地位。牧区半牧区主要集中分布在内蒙古自治区、四川省、新疆维吾尔自治区、西藏自治区、青海省和甘肃省等自然经济落后的省区，草原作为牧区半牧区生产、生活、生态最基本的生产力，直接关系到我国生态安全的全局，在防风固沙、涵养水源、保持水土、维护生物多样性等方面具有不可替代的重要作用，同时也是我国畜牧业发展的重要基础资源，在区域的生态环境和社会经济中扮演着关键的角色。然而，随着牧区人口增加、牲畜数量增长、畜牧业需求加大，天然草原超载过牧问题日益严重。2000—2008年的数据显示，牧区合理载畜量为1.2亿个羊单位，实际载畜量近1.8亿个羊单位，超载率近50%。长期超载过牧以及不合理利用使草原不堪重负，草畜矛盾不断加剧，草原退化面积持续扩大。从20世纪70年代中期约15%的可利用天然草原出现退化，80年代中期的30%，90年代中期的50%，持续增长到目前约90%的可利用天然草原出现不同程度的退化，导致草原生产力大幅下降、水土流失严重、沙尘暴频发、畜牧业发展举步维艰，草原生态、经济形势十分严峻，可持续发展面临严重威胁。

　　2011年，国务院发布的《国务院关于促进牧区又好又快发展的若干意见》明确指出，牧区在我国经济社会发展大局中具有重要的战略地位。同时，2011年也开始实施草原生态保护补助奖励机制，包括实施禁牧补助、草畜平衡奖励、针对牧民的生产性补贴、加大牧区教育发展和牧民培训支持力度、促进牧民转移就业等举措，把提高广大牧民的物质文化生活水平摆在更加突出的重要位置，着力解决人民群众最现实、最直接、最紧迫的民生问题，大力改善牧区群众生产生活条件，加快推进基本公共服务均等化。

"草牧业"是个新词，源于2014年10月汪洋副总理主持召开专题会议听取农业部汇报草原保护建设和草原畜牧业发展情况时，汪洋副总理凝练提出了"草牧业"一词。随即2015年中央1号文件中特别强调"加快发展草牧业"，对于经济新常态下草业和草食畜牧业迈入新阶段、谱写新篇章是前所未有强有力的刺激和鼓舞。草牧业是一个综合性的概念，其核心是强调草畜并重、草牧结合，推进一二三产业融合。草牧业的提出无疑是对我国草业和牧业的鼓励，发展草牧业正是十八大以来大国崛起的重大步骤。发展草牧业是我国农业结构调整的重要内容，是"调方式、转结构"农业现代化转型发展的重要组成部分，是我国牧区半牧区及农区优质生态产品产业和现代畜牧业发展的重要组成部分，是变革过去粮、草、畜松散生产格局、有效解决资源环境约束日益趋紧、生产效率低及生态成本高等问题的关键突破口，是保障国家食物安全和生态安全的重要途径。

中国农业科学院草原研究所自建所52年来，坚持立足草原，针对草原生产能力、草原生态环境及制约草原畜牧业可持续发展的重大科技问题，瞄准世界科技发展前沿，以改善草原生态环境，促进草原畜牧业发展的基础、应用基础性研究为主线，围绕我国草原资源、生态、经济、社会等科学和技术问题，系统开展牧草种质资源搜集鉴定与评价、多抗高产牧草良种培育与种质创新、草原生态保护与可持续利用、草原生态监测与灾害预警防控、牧草栽培与加工利用、草业机械设备研制等科研工作。在2015年实施中国农业科学院科技创新工程以后，恰逢加快发展草牧业的契机，中国农业科学院草原研究所组织全所精英，把老、中、青草牧业科研工作者组织起来，共同努力，针对目前牧区半牧区草牧业发展的薄弱技术环节，制约牧区半牧区农牧民生产生活的关键技术，以为农牧民提供技术支撑，解决农牧业农村问题为目的，特编著《牧区半牧区草牧业科普系列丛书》，该套丛书内容丰富翔实，结构通俗易懂，可为牧区半牧区草原退化防治、人工草地栽培、家庭牧场生产经营、家畜养殖技术、牧草病虫鼠害防治等问题提供全面的技术服务，真正的把科研成果留给大地，走进农户。

编者

2016年1月

内容提要

我国牧区拥有 60 亿亩（4 亿公顷）天然草原，每年全国一半以上、近 15 000 万只羊从这里出栏，为全国各地供应 491 万吨羊肉和 35 万吨毛绒。但牧区羊业生产水平和技术发展仍落后于畜牧业发达国家。不管是牧区的"靠天养羊"，还是半牧区的分散饲养，都普遍存在饲养规模小、优质饲草周年供应不济、饲养管理粗放等弊病，导致羊产品质量不高、市场竞争力薄弱。质量意识薄弱及技术装备落后是造成这些问题的关键因素。要发展标准化高效羊业生产，首先必须转变生产观念，改变传统粗放的生产模式，提高个体产量及质量，进而提升群体生产力。

针对牧区养羊存在的问题与不足，本书从牧区绵羊品种资源、夏季放牧补饲技术、冬春季舍饲半舍饲技术、绵羊高效繁育技术、羊毛质量控制技术、绵羊疾病预防和治疗技术 6 个方面详细介绍了养羊需要的条件、设施和具体操作技术。本书应《牧区半牧区草牧业科普系列丛书》的要求而出版，希望能为农牧民普及科学养羊的基本知识，并能提供技术帮助，帮助他们转变生产模式，提高养殖收入。

目　　录

牧区绵羊品种资源

　　我国的绵羊，品种资源繁多，质量差别较大。如果归类，可以分为蒙古羊、藏羊、哈萨克羊 3 种。这些绵羊品种主要分布在三大牧区，即北部牧区、新疆牧区和青藏高原牧区。

（一）北部牧区

　　北部牧区包括内蒙古自治区（以下简称"内蒙古"）、辽宁、吉林、黑龙江三省西部及宁夏回族自治区（以下简称"宁夏"）、甘肃北部。这里有我国著名的呼伦贝尔草原和锡林郭勒草原，地势平坦，雨量充沛，牧草繁茂，是我国最大的绵羊养殖基地，也是蒙古羊分布的典型地区，培育出了多种优质肉脂或毛质专用绵羊品种，例如，著名的苏尼特羊、乌珠穆沁羊、鄂尔多斯细毛羊等。此外，还有宁夏荒漠草原、甘肃肃北高寒草原，我国特有的裘用绵羊品种滩羊，就产在宁夏草原。

（二）新疆牧区

　　雄伟的天山把新疆维吾尔自治区（以下简称"新疆"）分为南北两部分，北疆的准噶尔盆地被天山和阿尔泰山所包围，南疆的塔里木盆地被天山、昆仑山、阿尔金山所环抱。这些地区的山岳、山坡、山谷以及盆地边缘都有广阔的草场，共同构成了全疆 60 多万平方千米的天然草场。新疆地形复杂，气候多样，草场类型有 60～70 种，我国培育的第一个细毛羊品种——新疆细毛羊（即中国蓝哈羊），就产在北疆伊犁河畔。南疆是著名的库车紫羔羊的产地，也是地毯专用毛种羊和田粗毛羊的家乡。

（三）青藏高原牧区

青藏草原牧区包括西藏自治区（以下简称西藏）、青海和甘肃南部及四川阿坝甘孜地区。这些地区地形差异大，气候寒冷，昼夜温度相差悬殊，草场类型主要是高原草原和高山草原。西藏自治区的牧区主要分布在藏北海拔4 000米以上的阿里、那曲及昌都等地。青海省牧区主要集中在海拔3 000米以上的玉树、果洛藏族自治州和柴达木盆地，著名的紫羔藏羊就产在这里。藏羊属地毯毛种羊，是生产长毛绒和地毯的优良原料。

（四）三大牧区绵羊品种资源

1. 蒙古羊

蒙古羊是我国古老的三大粗毛绵羊品种之一。数量最多、分布最广，几乎占全国绵羊总数的一半。现在全国著名的绵羊品种，如内蒙古的乌珠穆沁羊、河南的寒羊、江浙一带的湖羊、宁夏的滩羊等都是蒙古羊的后代。蒙古羊原产于蒙古高原，现遍及东北、华东、华北、西北和中南等地区。蒙古羊具有很强的适应性，能耐极粗放的饲养管理条件，不仅具有生命力强、耐寒、耐旱等特点，而且还有较好的产肉、产脂性能。

蒙古羊体质结实，骨骼健壮。如图1、图2所示，一般被毛白色，大多数在头颈部与四肢有黑色或褐色斑点。体躯中等大，背腰平直，体稍长呈长方形。公羊一般有角，母羊多无角；头略显狭长，鼻梁隆起，耳大下垂，颈长短适中。四肢细长而强健，胸深，肋骨不够开张。短脂尾，尾长一般大于尾宽，尾尖卷曲呈"S"形。

蒙古羊一般成年公羊体重45～60千克，成年母羊30～45千克。分布在内蒙古中部地区的成年公羊平均体重69.7千克，成年母羊54.2千克；分布在西部地区的成年公羊平均体重47.0千克，成年母羊平均32.0千克，屠宰率50%左右。每年剪毛2次，平均剪毛量1～1.5千克/只；成年公羊剪毛量为1.5～2.2千克/只，成年母羊为1～1.8千克/只。毛质较粗，属异质毛，毛呈辫状结构，毛长6～12厘米，净毛率在50%以上。母羊繁殖力不

图1 蒙古羊（公羊）

图2 蒙古羊（母羊）

（图片来源：http：//www. xjjmw. com/Dpzzy/Dpzzy_ content. jsp?
urltype = news. NewsContentUrl&wbtreeid = 1580&wbnewsid = 18503）

高，每年产羔1次，产羔率105% ～110%，双羔率3% ～5%。因分布地区
不同，蒙古羊及其后代的品种性能差异较大。例如，甘肃蒙古羊因甘肃的气
候干燥、寒冷，所以具有体大毛粗、皮板较厚的特征，适于做毛皮的只是羔
皮；而分布在河南、山东等省区的寒羊是我国羊毛中最细的一种，尤其以河
南省登封、密县所产的毛质最细，可纺到50～60支细纱；蒙古羊的另一个
后代分支——湖羊，是世界上生殖能力最强的绵羊品种，一胎最高可产5～

8 羔，板皮更是有"软宝石"之称。

2. 乌珠穆沁羊

乌珠穆沁羊产于内蒙古自治区锡林郭勒盟东部乌珠穆沁草原，也因此而得名。主要分布在东乌珠穆沁旗、西乌珠穆沁旗、锡林浩特市等地区，总数已超过 100 万只。乌珠穆沁羊是蒙古羊在当地条件下，经过长期选育而形成的肉脂兼用粗毛羊。1982 年，经农业部、国家质量标准总局正式批准为当地优良品种。产区属大陆性气候，海拔 800 ~ 1 200 米，年平均气温 0 ~ 1.4℃。年降水量 250 ~ 300 毫米，无霜期 90 ~ 120 天。青草期短，枯草期长。草原植被以冷蒿、羊草、针茅、糙隐子草、苔草为主。乌珠穆沁羊对这种生态环境具有很好的适应性，善于游走采食，每天可行走 15 ~ 20 千米。所以，终年自由放牧是乌珠穆沁羊的传统饲养方式。

如图 3、图 4 所示，乌珠穆沁羊体格较大，体质结实。头大小中等，鼻梁微凸，公羊有角或无角，母羊多无角。颈中等长，四肢粗壮，尾肥大。体躯宽而深，胸围较大，背腰宽平，体躯较长，肉用体型比较明显。躯体及被毛多白色，黑头羊居多。

图 3　乌珠穆沁羊（种公羊）

成年乌珠穆沁公羊平均体重为 60 ~ 85 千克，成年母羊为 50 ~ 70 千克。母羊繁殖力低，产羔率仅为 100%，双羔很少。羔羊生长发育快，2.5 ~ 3 月龄公、母羔羊平均体重可达 29.5 千克、24.9 千克；6 个月龄公、母羔平均体重 40 千克、36 千克，胴体重 16 ~ 18 千克，屠宰率 50% 左右，净肉率

图4 乌珠穆沁羊（母羊）

（乔晓光图）

33%，产肉率较高，且富含钙、铁、磷等矿物质。一年剪毛两次，成年公羊平均为1.9千克/只，成年母羊平均1.4千克/只。被毛属异质毛，干死毛多，可以用来作制作裘皮，当年羔羊皮价值较高。

另外，乌珠穆沁羊还具有抓膘快、成熟早、肉脂产量高的优点，适用于肥羔生产，可在牧草生长旺盛的夏季开展放牧育肥或有计划的舍饲肥羔生产。同时，乌珠穆沁羊也是做纯种繁育胚胎移植的良好受体羊，后代羔羊体质结实，抗病能力强，适应性较好。

3. 苏尼特羊

苏尼特羊，也叫戈壁羊，主要分布在内蒙古自治区锡林郭勒盟苏尼特左旗、苏尼特右旗、阿巴嘎旗北部、四子王旗和乌拉特中旗等地区。最能适应荒漠半荒漠草原的生态环境，具有耐寒、抗旱、生长发育快、生命力强的特征。苏尼特羊是蒙古羊在当地条件下，经过长期选育而形成的小脂尾型肉用地方良种。1986年被锡林郭勒盟技术监督局批准为地方良种，1997年被内蒙古自治区人民政府正式命名，2010年正式被列入《全国优良畜种名录》，目前年存栏数量达100万只。西苏旗全力打造苏尼特羊金字招牌，先后组建了拥有2 000户集中连片的苏尼特羊养殖基地，50万只优质商品苏尼特羊生产基地，100万只肉羊加工销售基地。目前，西苏旗还将重点培育和建设苏尼特羊现代化养殖科技园区、草原羊现代化养殖基地、乌日根塔拉镇萨如拉嘎查产业化基地、苏尼特羊优质种公畜保种基地等四个现代化养殖基地。

苏尼特羊体格大，体质结实，结构均匀。如图5、图6所示，公、母羊都无角，头大小适中，鼻梁隆起，耳大下垂，眼大明亮，颈部粗短。种公羊颈部发达，毛长达15～30厘米。背腰平直，体躯宽长，呈长方形，后躯发达，大腿肌肉丰满，四肢强壮有力，脂尾小、呈纵椭圆形，中部无纵沟，尾端细尖、向一侧弯曲。被毛为异质毛，毛色洁，头颈部、腕关节和飞节以下及脐带周围有有色毛，以黑色、黄色为主。

图5 苏尼特羊（种公羊）（哈布尔图）

图6 苏尼特羊（母羊）（王海图）

成年苏尼特公羊体重为80千克，成年母羊为60千克；1.5岁公、母羊体重分别为 60 千克、50 千克。公、母羔初生重分别为 4.5 千克、3.5 千克，4 月龄种用公羔为 35 千克。母羊繁殖能力中等，产羔率为 110%。春秋共剪毛 2 次，成年公羊剪毛量 1.7 千克/只，成年母羊 1.4 千克/只，周岁公羊1.35 千克/只，周岁母羊 1.26 千克/只。被毛中绒毛占 52% ~61%，两型毛占 3% ~4%，粗毛占 8% ~11%，干死毛占 28% ~33%，是制作毛毡、毡靴和地毯的良好原料。

苏尼特羊产肉性能好，瘦肉率高。成年羯羊、8 月龄羔羊屠宰率分别为55%、48%，胴体重分别为 36 千克、20 千克，瘦肉率都能达到 70%。羊肉富含蛋白质，而少脂肪。经检测分析，蛋白质含量高达 20%，脂肪含量仅为 3%。同时，还含有各种氨基酸，特别是谷氨酸和天门冬氨酸的含量比其他羊肉要高。羊肉膻味轻、鲜味浓、口感好，是制作涮羊肉的最佳原料，曾是元朝、明朝和清朝时期的皇宫供品，也是北京东来顺饭庄涮羊肉用的专用肉。

4. 滩羊

滩羊，古称白羊，是我国特有的裘用地方绵羊品种，适合在干旱荒漠化草原放牧饲养。滩羊也是蒙古羊的后代，主要产于宁夏自治区贺兰山东麓的银川市及附近各县，与宁夏毗邻的甘肃、内蒙古和陕西也有分布。产区属于中温带大陆性气候干旱草原和荒漠草原区，海拔一般在 1 000 ~2 000 米，年平均气温 7 ~8℃。气候干旱，年降水量 180 ~300 毫米，多集中在 7 ~9 月，年蒸发量 1 600 ~2 400 毫米，是降水量的 8 ~10 倍。草原植被稀疏低矮，以耐旱的小半灌木、短花针茅、小禾草及豆科、菊科、藜科等植物为主。天然牧草产量低，但矿物质含量非常丰富。滩羊具有典型的生态地理分布特性，特殊的水土、植被、气候条件造就了这种独一无二的优良绵羊品种。2000年，滩羊被农业部列入国家二级保护品种，盐池县被确定为滩羊种质资源核心保护区。

如图 7、图 8 所示，滩羊体格中等，体质结实，鼻梁稍隆起，耳有大、中、小三种。公羊有螺旋形角、向外伸展，母羊一般无角或有小角。背腰平直，胸较深，四肢端正，蹄质坚实。尾根部宽大，尾尖细圆、呈长三角形，下垂过飞节。体躯毛色纯白，光泽悦目，多数头部有褐色、黄黑色斑块。

成年滩羊公羊体重为 43 千克，成年母羊为 33 千克。屠宰率成年羯羊为45%，成年母羊为 40%，产羔率 101% ~103%。每年剪毛 2 次，剪毛量成年公羊为 1.6 ~2.7 千克/只，成年母羊为 0.7 ~2.0 千克/只，净毛率为 65%

图 7　滩羊（公羊）

图 8　滩羊（母羊）

（图片来源：http://www.sxny.gov.cn/html/2009_11_09/99324_
126665_2009_11_09_162247.html）

左右。滩羊毛毛色洁白，纤维细长而均匀，富有光泽和弹性。羔羊不论在胎儿期还是在出生后，被毛生长速度比其他羊种都要快。初生时毛股长为 5.4厘米左右，生后 30 天毛穗长约 8 厘米，色泽晶莹、弯曲柔软、有 5～7 个弯和花穗，波浪起伏，故而有"九道弯"之赞。滩羊也以产二毛皮（生后 30天左右宰剥的羔皮）而闻名全国，素以"轻裘"著称。所产二毛皮柔软坚韧、薄如纸，非常轻便。据历史记载，滩羊作为轻裘皮用品种，于公元

1755 年被列入当时宁夏最富庶的五大物产之一，距今已有 261 年的历史。

5. 哈萨克羊

哈萨克羊是我国三大粗毛绵羊品种之一，也是新疆原始羊系之一。属于肥臀尾型绵羊，现有数量约 150 万只。原产于前苏联，主要分布在我国新疆境内，尤其以哈密地区及准噶尔盆地边缘为多，在新疆与甘肃、青海交界处也有分布。产地气温变化剧烈，夏热冬寒，春温多变，1 月份平均气温 −15 ~ −10℃，7 月平均气温 22 ~ 26℃。年降水量在地区之间的差别很大，伊犁河谷年降水 250 毫米，准噶尔盆地不到 200 毫米，阿尔泰山及天山山区可达 600 毫米。年蒸发量 1 500 ~ 2 300 毫米，全年日照时数多达 2 700 ~ 3 000 小时，无霜期 102 ~ 185 天。昼夜温差大，平均温差在 11℃左右。植被与土壤因地形、地势不同，差别很大。草场类型多、植被构成变化大，有高寒草甸、山地草甸、山地荒漠草原。在这种生态环境里，哈萨克羊终年放牧，饲养管理极为粗放，四季轮换放牧在季节草场上，转移草场的距离最长达数百公里甚至近千公里，冬季很少补饲，一般没有羊舍。长期在这种生态条件下繁育，形成了哈萨克羊适应性强、体格结实、四肢高大和善于行走爬山、夏秋季迅速抓膘的能力。但是，近年来的盲目杂交，导致哈萨克纯种羊数量逐年减少。

如图 9、图 10 所示，哈萨克羊头较小，鼻梁明显隆起，公羊大多有角，母羊极少有角。体躯宽大，尾肥大、高附臀部，所以，哈萨克羊也叫肥臀羊，属于脂臀尾羊。毛色很杂，往往有褐、黑、白、灰各色毛混杂，极少有全身白色的。

成年哈萨克公羊平均体重为 50 ~ 60 千克，成年母羊为 40 ~ 45 千克。成年公羊平均剪毛量为 2.0 千克/只，成年母羊为 1.9 千克/只，成年公、母羊净毛率分别为 58%、69%。哈萨克羊是肉用型绵羊，产肉能力高、肉质细嫩、膻味轻，但羊毛品质差、产量也低。毛质特别粗，纺织价值极低，只能用来做地毯。不同的是，库车产的紫羔羊，皮毛光泽美丽，花弯卷曲，驰名全国。

6. 新疆毛肉兼用细毛羊

新疆毛肉兼用细毛羊，简称新疆细毛羊、新疆羊，原产于新疆伊犁地区巩乃斯种羊场，是我国 1954 年育成的第一个毛肉兼用型细毛羊品种（图

图9　哈萨克羊（公羊）

图10　哈萨克羊（母羊）

（图片来源：http：//www.zgqxcg.com/photo/show.php？itemid=260&page=2#p）

11、图12）。新疆细毛羊的育种工作早在1935年就开始，在前苏联专家的帮助下，用哈萨克种母羊与高加索细毛羊公羊、泊列考斯公羊与蒙古羊母羊经过复杂杂交培育而成。新疆细毛羊的育成填补了我国细毛羊品种的空白，此后全国各地开展绵羊改良工作。该品种适于干燥、寒冷的高原地区饲养，具有采食性好、生命力强、耐粗饲料等特点，已推广至全国各地。

图 11　新疆细毛羊（公羊）

图 12　新疆细毛羊（母羊）

（图片来源：http：//www.woolmarket.com.cn/NewsDetail.aspx？id=14804）

新疆细毛羊羊毛细度 70～80 支，种公羊毛长平均 11.2 厘米，成年母羊毛长平均 8.24 厘米。成年种公羊剪毛量 10～12 千克/只，净毛重 6.3 千克，净毛率 51%；成年母羊剪毛量 5.5～7 千克/只，净毛重 2.95 千克，净毛率 52.28%；幼龄公羊年均产毛量 4.89 千克/只，净毛量 2.5 千克，净毛率 51%；幼龄母羊年均产毛量 4.2 千克/只，净毛量 2.5 千克，净毛率 52%。

产毛量与蒙古羊相比提高了 6 倍。羊毛细度、强度、伸长度、弯曲度、油汗和色泽都达到了很高的标准，创造了国内细毛羊平均净毛单产最高的纪录，获农业部颁发的"农业丰收奖"和全国农垦系统"羊毛最高单产奖"。各类毛纺织品，例如，伊犁生产的"萨帕乐"牌优质羊毛，畅销国内外。

新疆细毛羊的肉用性能也很好。成年公羊平均体重 84～93 千克，成年母羊 46～56 千克，屠宰率平均 49.5%，净肉率 40.8%。肉脂含量高，腹油约重 6.2 千克，而一般蒙古羊、哈萨克羊的产油量仅为 1.4、1.8 千克，相比而言，产油量提高了 3～4 倍。而且，新疆细毛羊的肉质细嫩、味道鲜美，很受人们喜爱。

7. 中国美利奴羊

中国美利奴羊简称中美羊，是我国在引入澳洲美利奴羊的基础上，于 1985 年在新疆、内蒙古、吉林三省区育成的高水平细毛羊品种。新中国成立后，由于我国原有的细毛羊品种羊毛品质较差，毛纺工业用的进口毛比例超过国产毛。1972 年，国家从澳大利亚引进 29 只澳洲美利奴公羊，分配给新疆的紫泥泉种羊场和巩乃斯种羊场、吉林的查干花种羊场、内蒙古的嘎达苏种畜场，进行新品种选育工作。嘎达苏种畜场位于内蒙古科尔沁草甸草原，海拔 268～400 米，年均气温 6℃，年降水量 382 毫米，无霜期 130～140 天。紫泥泉种羊场位于新疆天山北麓和高山带，海拔 800～3 500 米，降水多，空气湿润，草场植被生长较好。查干花种羊场位于吉林省白城地区前郭尔罗斯蒙古族自治县境内，海拔 151 米，年均气温 4～6℃，年降水量 400～500 毫米，无霜期 125～135 天，植被为贝加尔针茅、兔毛蒿和杂类草。牧草产量高，品质好。羊群以放牧为主，冬春补饲。

如图 13、图 14 所示，中国美利奴羊体质结实，体型呈长方形。公羊有螺旋形角，母羊无角，公羊颈部有 1～2 个皱褶或发达的纵皱褶。鬐甲宽平，胸宽深，背长直，尻宽而平，后躯丰满，膁部皮肤宽松。四肢结实，肢势端正。被毛呈毛丛结构，闭合性良好，密度大，全身被毛有明显的大中弯曲。头毛密长，着生至眼线。被毛前肢着生至腕关节，后肢至飞节；腹部毛着生良好，呈毛丛结构。

成年公羊平均体重 92 千克，成年母羊 43 千克。母羊产羔率 120% 以上。初育成时，2.5 岁羊宰前平均体重 43 千克，胴体重 19 千克，净肉重 15 千克，屠宰率 43%；3.5 岁羊宰前平均体重 51 千克，胴体重 22 千克，净肉重 19 千克，屠宰率 44%。成年公羊剪毛量 18 千克/只，羊毛长度 11.9 厘

图 13　中国美利奴羊（公羊）

图 14　中国美利奴羊（母羊）

（图片来源：http：//www. pxny. cn/html/386. html）

米，净毛率 59%；成年母羊剪毛量 6.4 ~ 7.2 千克/只，羊毛长度 10.2 ~
10.5 厘米，净毛率 61%。中国美利奴羊的羊毛产量和质量已达到国际先进
水平，也是我国目前最为优良的细毛羊品种。

8. 和田羊

和田羊产于新疆南疆地区，主要分布在和田、于田等县。和田羊长期生活在生态环境比较差的荒漠化和半荒漠草原区，形成了独有的适应能力，特别耐干旱、炎热和粗饲及低营养生产环境。产区普遍存在降水稀少，蒸发强烈，干旱，温差较大，日照辐射强度大、持续时间长，植被稀疏，牧草营养差，且季节变化大的特点。由于全年营养水平极不平衡，和田羊体重在季节间的变化比较明显，秋季体重最大，入冬后体重损失逐步加大，4 月降到最低，导致和田羊春秋季体重相差高达 25%～30%。

和田羊为粗毛型绵羊品种，体格较小（图15、图16），产毛量、产肉率和繁殖率低。一般成年公羊体重 37～40 千克，成年母羊 30～35 千克；羔羊平均断奶重（5 月龄）23 千克。全年剪毛 2 次，剪毛量平均 1～1.7 千克/只，成年公羊剪毛量 1.6 千克/只，成年母羊 1.2 千克/只，净毛率都能达到 70%。被毛从全身到头部及四肢都以杂色为主，无髓毛和两型毛占多数，干死毛少，毛股柔软、毛辫较长，是制作地毯的优良原料。

图15　和田羊（公羊）

9. 西藏羊

西藏羊（图17、图18），又称藏羊或藏系羊，是我国古老的三大粗毛绵羊品种之一，也是青藏高原农牧民赖以生存和发展的主要畜种。原产于青

图 16　和田羊（母羊）

藏高原，后来逐渐向东南发展，扩增到西藏、青海、甘肃的甘南藏族自治州和四川的甘孜、阿坝藏族自治州、凉山彝族自治州、云贵高原地区。藏羊在不同生态环境的影响下及人工选择的长期作用下形成了若干种群，主要有高原型和山谷型两大类型。各省区根据本地的特点，又将藏羊分列出一些中间或独具特点的类型，如西藏将藏羊分为雅鲁藏布型藏羊、三江型西藏羊；青海省分出欧拉型藏羊；甘肃省将草原型藏羊分成甘加型、欧拉型和乔科型三个型等。藏羊对高寒地区恶劣气候环境和粗放的饲养管理条件具有良好的适应能力。高原型藏羊 2000 年被农业部列入《国家级畜禽品种资源保护名录》，2006 年被农业部列入《国家级畜禽遗传资源保护名录》。

（1）高原型藏羊。高原型藏羊主要分布在甘肃省甘南州的玛曲、碌曲县和夏河县及毗邻地区。产区海拔 2 800 ～ 4 000 米，气候严寒，四季不分明。年平均气温 1.6 ～ 13.6℃，昼夜温差大。年平均降水量 550 ～ 800 毫米，由南向北逐渐减少。草场属于高原灌丛草甸区，牧草种类以禾本科、莎草科、蔷薇科为主。

高原型藏羊体质结实，体格高大。头小、呈锐三角形，鼻梁隆起。公、母羊都有角，公羊角长而粗、呈螺旋状向左右伸展，母羊角细而短、多数呈

图 17　西藏羊（公羊）

图 18　西藏羊（母羊）

（图片来源：http：//www. xjjmw. com/Dpzzy/Dpzzy_ content. jsp？urltype = news.
NewsContentUrl&wbtreeid = 240&wbnewsid = 2273）

螺旋状向外平伸。四肢高，短尾小、呈锥形，所以，又叫小尾羊。头及四肢
多带黑色或褐色斑块，躯体被毛白色、呈毛辫结构，有波浪形弯曲。一般成
年公羊体重 44～58 千克，成年母羊 40～50 千克。屠宰率 43%～48%。母羊
繁殖力不高，每年产羔 1 胎，每胎 1 羔，双羔极少。成年公羊剪毛量为
1.2～1.6 千克/只，成年母羊为 0.8～1.6 千克/只，净毛率都在 70% 左右。

被毛光泽好、弹性大、手感柔软，是制作地毯、提花毛毯和长毛绒的优质原料。特别是产于青海、甘肃一带的黑紫羔羊，是著名的裘用羊种。所产的黑紫羔皮，毛尖为黑色，根部为棕色，花环美丽，色泽黑亮，品质优于滩羊羔皮和库车紫羔皮，为羔皮中的上等品。

（2）山谷型藏羊。山谷型藏羊主要分布在青海、四川、云南、贵州等省区半农半牧区的山间谷地。产区海拔1 800～4 000米，主要是高山峡谷地带，气候垂直变化明显。年平均气温2.4～13℃，年降水量500～800毫米。放牧草场以草甸草场和灌丛草场为主。

山谷型藏羊体格小，四肢矫健有力，善于登山远牧。体躯呈圆桶状，背腰平直。颈稍长，头呈三角形，鼻梁隆起。公羊多有角，角短小，向后上向弯曲；母羊多无角，偶有小钉角。尾短小，呈圆锥形。毛色全白和体躯白色者约占64%。成年公羊平均体重20～41千克，成年母羊19～32千克，平均屠宰率48%。剪毛量0.8～1.5千克/只，成年公羊0.6千克/只，成年母羊0.5千克/只。被毛主要有白色、黑色和花色，多呈毛丛结构。被毛质量差，普遍有干死毛。

（3）欧拉型藏羊。欧拉型藏羊原产于甘肃省甘南藏族自治州玛曲县欧拉乡，主要分布在青海省河南蒙古族自治县和久治县以及四川红原县等地。欧拉型藏羊具有高原型藏羊的外形特征，体格高大粗壮，头稍狭长，多数具肉髯。公羊前胸着生黄褐色毛，母羊不明显。被毛短，死毛含量很高，头颈部和四肢多为黄褐色花斑，全白色羊极少。1.5岁公、母羊一般体重分别为48千克、44千克，成年公、母羊体重分别为70千克、60千克，平均屠宰率为55%。剪毛量，成年公羊为1.1千克/只，成年母羊为0.9千克/只，净毛率76%左右。表1是实际试验统计的不同年龄阶段欧拉型藏羊的体重。

表1　不同年龄阶段欧拉羊体重统计表

性别	出生		半岁		1.5岁		2.5岁		成年	
	头数	体重	头数	体重	头数	体重	头数	体重	头数	体重
♂（公）	30	4.3	58	31.7	54	47.6	57	61.2	55	75.9
♀（母）	60	4.3	62	34.4	61	44.3	64	53.0	65	58.5

（4）三江型藏羊。三江型藏羊主要分布在西藏昌都地区横断山脉的三江流域。在体型特征上，三江型藏羊体躯呈长方型。公羊角形有2种，一种

向后向前呈大弯曲，另一种向外呈扭曲状。母羊大部分有角。尾呈锥形，公羊尾长平均为 12 厘米。毛色全白色和体躯白色者仅占 42%，大多数头、颈、尾部有黑色或褐色斑块。被毛属异质毛。成年公羊平均体重为 40 千克，成年母羊平均体重为 34 千克。繁殖率较低，每胎产单羔。成年公羊平均剪毛量为 1.1 千克/只，成年母羊平均为 1.0 千克/只。毛较长，公羊细毛长度平均 11.9 厘米、母羊 8.8 厘米，公羊平均粗毛长度 16.5 厘米，母羊平均 13.7 厘米。净毛率平均为 79%，羊毛含脂率平均为 4.2%。

10. 阿旺绵羊

阿旺绵羊是青藏高原的特有畜种，产于西藏昌都市贡觉县阿旺乡，芒康县、察雅县、江达县也有分布，现有存栏数约 15 万只。产区属大陆性高原季风气候，平均海拔 4 021 米，年平均气温 6.3℃，日最高气温 29.9℃、日最低气温 -25℃，无霜期 85 天。年平均降水量 480 毫米，雨旱分明。草原植被以禾本科、莎草科和豆科牧草为主，植株低矮，但生长快、草质细嫩、适口性好，适合绵羊放牧。人工饲草料有青稞、豌豆、燕麦等。阿旺绵羊对当地气候环境具有很好的适应性，耐严寒、抗风沙、善跋涉，是适合青藏高原东南部高寒牧区饲养的毛肉兼用绵羊品种。阿旺绵羊是我国的宝贵畜种资源之一，对保护青藏高原绵羊基因，培育和发展高原特色畜牧业经济，改善农牧民生活条件都具有重要意义。

阿旺绵羊体型高大，体质结实，全身各部位结合匀称，蹄质坚实。体躯呈长方形，背腰基本平直，四肢较长。头中等大小，颈长短适中。公母羊都有角，公羊角向后呈大弯曲状或向外呈扭曲状，母羊角呈倒八字形。鼻梁拱，部分羊颚下有肉髯。尾长 11 ~ 15 厘米，属细短瘦尾型。公羊体态雄壮，母羊体形清秀。成年公羊平均体重 88.6 千克，成年母羊 72.2 千克（表 2）。毛被以白色为主，头、颈及腹下部同为棕色或黑色，四肢、大腿内侧部有相应棕色或黑色斑。周岁公羊剪毛量平均为 0.50 千克/只，育成母羊剪毛量平均为 0.51 千克/只，净毛率为 86%。公羊毛长 12 ~ 18 厘米，母羊 8 ~ 14 厘米，羊毛细度 56 ~ 58 微米，羊毛光泽和弹性好，是理想的地毯毛。母羊季节性繁殖特征明显，10 月配种，翌年 3 月份产羔，遵循"秋配春产"规律。母羊受胎率、产羔率、成活率分别为 96%、91%、91%，日挤奶量 0.2 ~ 0.6 千克，产乳期 80 ~ 96 天；公羔初生重 3.72 千克、母羔 3.54 千克。

表2　成年阿旺绵羊的体重和体尺

性别	体重（千克）	体高（厘米）	体长（厘米）	胸围（厘米）	胸深（厘米）	胸宽（厘米）	尾宽（厘米）
（公）♂	88.60	85.05	88.65	114.28	53.35	25.70	5.40
（母）♀	72.21	75.88	82.68	101.93	49.56	17.76	5.32

　　阿旺绵羊产肉性能好。成年公羊、母羊、羯羊的屠宰率分别为50%、50%、52%，平均51%；净肉率分别为41%、42%、44%，平均42%；眼肌面积分别为18.7平方厘米、18.1平方厘米、19.5平方厘米，平均18.8平方厘米；胴体背膘厚度11.3～14.2毫米，属中等肥度（表3）。

表3　成年阿旺绵羊母羊、公羊和羯羊的屠宰性能

	母羊	公羊	羯羊
屠宰只数	3	5	5
宰前活重（千克）	63.0	59.5	69.2
胴体重（千克）	31.3	29.5	35.9
净肉重（千克）	26.0	24.8	30.2
屠宰率（%）	49.5	49.6	52.0
净肉率（%）	41.1	41.6	43.8
胴体产肉率（%）	83.0	83.8	84.2
骨重（千克）	5.2	4.8	5.6
肉骨比	4.9∶1	5.2∶1	5.4∶1
眼肌面积（平方厘米）	18.7	18.1	19.5
背膘厚度（毫米）	11.3	14.0	14.2

夏季放牧补饲技术

自由放牧在我国践行了上千年，在创造了辉煌的游牧文化的同时，千年"靠天养畜"的粗放管理也对草原造成了严重的破坏，带来了一系列生态、生产和生活问题。现在，为了我们在未来还能继续享用草原资源的给予，必须重视草原的保护和建设问题，严格执行草畜平衡政策。每一个草原畜牧业经营者都应该主动加强草原保护意识，学习放牧管理科学技术，了解牧草的生长规律和家畜的需求，做到有的放矢，有目的有意识的去保护草原，利用草原。

（一）牧草的生长

充分地了解牧草生长的基本知识，是建立和维持牲畜养殖收益的关键。

1. 牧草对放牧的响应

由于各种牧草都有专门应对放牧的方法，所以，适当放牧对于草原是一件好事情。放牧可以清除牧草的老叶和枯枝败叶，使它们不再遮蔽新叶，从而刺激新牧草的生长。大多数牧草可以通过没有被家畜采食掉的匍匐茎、地下根茎或根再生长。虽然一些牧草的生长点可以避免被家畜采食，但是，很少有牧草能够长期很好地适应连续放牧。仅有早熟禾、白三叶和具有匍匐茎的牧草才能完全避免被家畜采食，可以在连续放牧中存活下来。

另外，植株较高的牧草因为大多数叶子被家畜采食掉，通常会在连续放牧中死亡。为了使这些较高的牧草能够存活下来，应在放牧后给它们一定的休息时间。这就需要牧场主制定科学的划区轮牧规划。

2. 牧草碳水化合物的存储方式

牧草通过叶片光合作用，获取生长所需要的能量。牧草体能立即将获得的光能转变成碳水化合物为生长供能，或者把它们储存在根部供以后使用。图 19 反映了牧草生长周期中每一个阶段碳水合化物的存储规律。在秋季牧草中大量的碳水化合物被存储用于过冬，到了春季这些碳水化合物为牧草早期生长提供能量。株高 15 ~ 20 厘米的牧草，光合作用能够为生长提供足够的能量，多余的能量被转化成碳水化合物储藏起来。牧草被采食后，这些存储的碳水化合物供给它们再生长，直到它们自身有能力进行足够的光合作用时为止。这样的循环在牧草的生长周期内反复进行着，直到它们停止生长。控制这些碳水化合物数量的关键是保证有苗壮的地上物。频繁放牧使牧草的根部得不到有效的能量补给，从而导致牧草虚弱、再生速度缓慢以及产量降低。

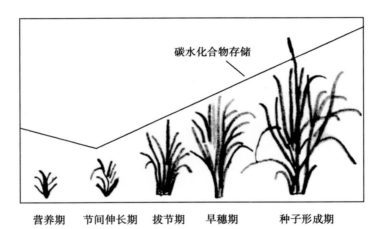

图 19　牧草生长周期每一个阶段碳水合化物的存储过程

3. 牧草的产量和质量

当牧草仅有少量的叶片时（一般在早春时期和放牧后），生长缓慢并且产量不高。随着牧草慢慢长大，光合作用显著增加，生长速度加快，而且产量提高。在开花前，如果没有其他因素的限制，牧草会尽可能快地生长。但当成熟后，大量的能量被供应给花朵和种子，牧草的营养生长就会变慢。牧草在盛花期产量最高，但这时的品质比较差。当牧草幼嫩、处于营养生长期时，品质最高。发生这种变化的原因是当植株长粗长老时，牧草含有的主要营养物质以及干物质被转变成不可消化的纤维性物质，例如木质素。较多的不可消化纤维导致了牧草品质的变差，并且减少了总可消化营养物质（TDN）。

好的放牧规划，可以达到使牧草产量和质量同时达到最大的目标。图20是牧草产量和质量之间的关系。从图中可以看出，最佳的放牧时间是在牧草快速生长的时期，而不是开花以及形成种子之前的时期。牧草种类不同时，一种牧草的最佳放牧期不能完全用于另外一种牧草。对于不同种类牧草开始放牧、停止放牧的适宜高度，在后面表6中有详细的说明。

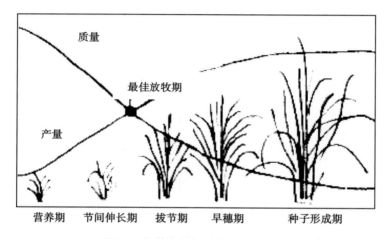

图20　牧草产量与质量之间的关系

4. 禾本科牧草的生长方式

禾本科牧草在播种当年，种子发芽初期只有一个芽。随着生长季节的推移，会额外长出芽，叫作分蘖。通过放牧或者刈割去除生长的顶部，可以促进分蘖节的生长。有些牧草，例如，鸡脚草、高羊茅和黑麦草，从最初发芽的部位形成分蘖。分蘖节紧靠在一起，并且在地表下形成不相连的枝条，这种禾草称为丛生禾草。还有一些禾本科牧草，在地表下2～3厘米处的分蘖节向外长出可以形成新枝条的短根茎，每个枝条又以同样的方式进行分蘖，最终在地面上形成了密集的草皮，既耐放牧，又耐践踏，也适于作草坪草，例如紫羊茅。除了猫尾草，大多数冷季型禾草在播种当年都不能形成种子，夏末形成的芽是来年的花芽。这类禾草必须在冬季低温条件下，经历春化作用，才能在第二年开花。

播种第二年的禾草，早期生长的都是叶，生长点埋在地表下被保护起来，最后才长出茎。长出来的茎在没有形成花穗之前叫作节。这些节如果没有被采食掉，就会形成花穗。高羊茅、多年生黑麦草、早熟禾等分蘖较早并且产生大量的花穗，形成花穗之后茎秆停止生长。所以，这类牧草的侵占性比其他牧草强。但是，雀麦、猫尾草形成分蘖比较慢，花穗形成之后茎秆才开始生长，潜在的生长点暴露在地面，很容易被采食掉。所以，这类牧草在基部形成可见的分蘖之前，不应该放牧。不然，会被严重损伤，甚至死亡。

5. 豆科牧草的生长方式

豆科牧草发芽时有一个单独的芽，额外的芽（分蘖）在地下根茎处形成。类似于禾草，放牧或者收获顶端的营养体能促进根茎形成新的分蘖。豆科牧草在生长过程中，不断分枝、长高，直到开花为止。不像禾本科牧草，豆科牧草在播种当年就能开花。豆科牧草再生来自于根茎或者叶腋。大多数豆科牧草以根茎处发出枝条为多，例如，苜蓿、白三叶、红三叶、柠条、扁蓿豆等；仅有白花草木樨、红豆草、沙打旺、百脉根等的枝条以发生在叶腋处为多。一些豆科牧草，例如，白三叶，通过匍匐茎生长，长得矮小，可以忍受高强度放牧。

6. 杂草控制

草原上的杂草控制一直没有引起重视。有些杂草，如狗牙根、藜在一定生长阶段非常有营养价值，并不需要除去。要注意的主要是那些牲畜不吃的低营养杂草或者有毒有害杂草。合理的划区轮牧系统可以控制杂草，但不能完全解决不良杂草以及它们带来的麻烦。

蓟是草原上最大的麻烦。一般情况下，草场中有两种蓟——二年生和多年生的蓟，需要用不同的控制方法。二年生蓟存活2年，应当在第一年散发种子前挖除。多年生蓟（如加拿大蓟和多年生苦苣菜）大致存活3～4年，通过种子或根繁殖。这类蓟不能靠挖除解决，因为它们残留根部的任何一部分都可以长出新的枝条。对付这类蓟的有效地方法是在生长季频繁地刈割或者放牧（每10天或者14天进行1次），最好在种子散发或传播前直接清除。

杂草的有效控制方法，还有栽培措施、化学除草剂、生物和化学综合控制等。任何单一的措施都不可能完全去除草场杂草。把预防、栽培、机械、化学方法恰当的结合起来，形成有组织的系统，对于每一个牧场来说都是非常需要的。评估牧场当下状况，提出 3 ~ 5 年改良方案，并配合良好的管理措施和坚持不懈的信念，终将从牧场中获得更大的收益。

（二）牲畜的需求

1. 牲畜的消化和营养需求

反刍牲畜，如牛、羊有四个胃是"天然的食草动物"，具有充满微生物的瘤胃，可以分解大多数牧草纤维。由于拥有高效的消化系统，这类牲畜通常只靠放牧就可以获得生长和生产所需要的大多数营养物质和能量。马是单胃动物，但也可以叫"伪反刍动物"，尽管没有瘤胃，但它们发达的盲肠中也有微生物，可以消化牧草纤维。但是，马吃草的时间比牛、羊长，才能得到充足的营养。猪和家禽不是反刍动物，消化道小，且只能消化很少的纤维。由于这类牲畜从牧草的非纤维部分和种子获取所需要的营养，所以必须供给大量高能量饲料才能满足营养需要。然而，这类饲料一般都是粮食作物。为了不与人争粮，在牧区不提倡饲养猪、鸡等耗粮牲畜。

图 21 反映了牲畜的能量需求与不同类型牧草质量之间的关系。对于牧草质量的好坏，可以用总可消化养分（TDN）水平来代表。如图 21 所示，每一类牧草都有不同数量的总可消化养分，而且每一种牲畜有不同范围的营养要求。营养需求随着牲畜的种类、性别、年龄、体格大小及是否哺乳等情况的不同而变动。为了最大限度地提高生产力，必须满足牲畜对牧草含有的总可消化养分水平的要求。总可消化养分水平在 45% ~ 50% 时，大多数牲畜可以维持生产。

2. 对矿物质和维生素的需求

大多数牲畜对矿物质和维生素的需求，通过放牧就可以满足，除非农区在作物茬地放牧，如小麦茬地、玉米茬地等。另外，当牲畜处在妊娠、泌乳、快速生长发育的特殊生理时期或长期饲喂胡萝卜素含量较低的饲草料

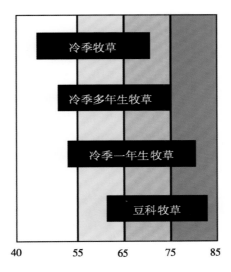

图 21　牧草总可消化养分（%）

时，由于维生素 A 或胡萝卜素缺乏容易引发维生素 A 缺乏症（主要表现为生长缓慢、上皮角化障碍，视觉异常，骨骼形成缺陷和繁殖机能障碍），可以通过补饲维生素 A 或胡萝卜素含量较高的饲草料（如青绿饲料、青贮饲料、胡萝卜等）缓解缺乏症状。

天然牧草往往钙含量高而磷含量低，放牧牲畜从牧草中获得的钙磷比例失调，容易出现钙磷代谢障碍，使羔羊骨骼钙化不完全或使成年羊发生脱钙，从而引起以消化紊乱、异嗜、跛行、骨质疏松和骨骼变形为特征的骨营养不良症。因此，在放牧基础上应注意补充磷和维生素 D，以调节钙磷比例。

在早春放牧的前 1~2 周，牲畜会因采食大量幼嫩青草而引发低镁血症，表现为全身肌肉强直性或阵发性痉挛和抽搐。因此，在早春出牧前可以补饲青干草。一些缺硒地区，在牧草干枯季节，由于牲畜从牧草中采食的维生素 E 和硒不足，常引起维生素 E 和硒缺乏症（表现为白肌病、生长发育受阻、繁殖障碍和生产能力下降），应注意及时补充维生素 E 和硒。

盐是不可缺少的矿物质，应该让牲畜"自由选择"采食。在购买盐砖的时候，可以选择微量元素盐砖，可以同时确保满足羊只对各种矿物质的需要。

3. 对水的需求

虽然牛、羊等可以从新鲜的牧草中获得 70%～90% 的水分，但是在放牧系统中有好的清洁水源仍然是必不可少的，特别是在温暖和阳光明媚的日子。羊的饮水需要一般每天为 2～3 升。牛羊对水的需求是随着天气温度、空气湿度、牲畜大小和饲粮的变化而变化的。例如，天气干燥、炎热的时候水的需求量比较大，而当天气阴冷、下雨或者在鲜绿草场放牧的时候水的需求量比较少。表 4 是蒙古国提出的蒙古羊的饮水半径推荐值。

表 4　蒙古羊的饮水半径推荐值

牧场类型	饮水半径（千米）
高产的干旱草原牧场	2.5～3.5
荒漠、半荒漠草原牧场	3～4
中低产的戈壁牧场	3～4
冬季牧场	3～4

4. 牲畜的采食行为

（1）采食模式。在一天中最热的时候，牲畜不喜欢吃草，所以日出后两三个小时是放牧最重要的时候。午后随着气温的下降，放牧采食又会增加。总体来说，平均 60% 的放牧时间发生在白天，40% 发生在夜间。在天气非常热时，牲畜需要便易的水源和随处可以躲避的遮阴棚。畜种不同，每天的放牧时间也不同。表 5 列举了不同牲畜每天的放牧时间。

表 5　牲畜每天的放牧时间

牲畜种类	每天的放牧时间
绵羊	7 小时或更少
山羊	不超过 6 小时
牛	大约 8 小时
马	12～16 小时

不管草场质量和产量的好坏与高低，牲畜每天花在放牧上的时间大致是相同的。正常放牧时间过后，牲畜会停止采食，不管是否已经获得用来增重或产奶所需要的能量和营养物质。所以，为了最大限度地提高生产，牲畜必

须在放牧时获得足够数量的优质牧草。

（2）选择性采食。放牧牲畜自然选择采食什么。它们总是会选择最有营养的，最好吃的和最容易吃到的牧草，对特定牧草的喜欢程度超过其他牧草（特别喜爱吃的牧草可能有季节性变化）。所以，当放牧强度过小或过大时，选择性放牧就成了问题。

当牲畜喜欢吃的牧草在放牧后开始再生长的时候，很有可能因为口感和品质比那些老的牧草好而被再次吃掉。这就是所说的"放牧斑块"。放牧斑块通过2种方式造成草场产草量下降：第一，反复放牧的斑块因为牧草质量太差，而被丢弃；第二，再次放牧的斑块再也达不到可以快速增长的高度。因此，重牧斑块上的牧草产量会减少。

放牧斑块还会恶化草场中牧草的组成。在重牧情况下，高质量牧草都死光了，而不喜食的牧草生长旺盛。豆科牧草通常是第一个被消灭的牧草种。

轮牧可以减少放牧斑块。在轮牧系统中，适当的放牧强度使放牧更均匀，可以留给高质量牧草（如优质禾本科牧草和豆科牧草）一定的休息时间，促进它们茁壮成长。

（3）可获得的牧草数量。可获得的牧草数量也影响牲畜的采食。对于高而密的牧草，牲畜每一口采食到的就多。但是，当牧草的高度超过25厘米时，大量的牧草由于被践踏而浪费。如果牧草比较矮小，牲畜每口吃到的草很少，它们就会消耗体能去尽可能的多吃。

当穿过牧草往下看时，如果能看到地面，说明地上的牧草太稀少。这种牧草密度将限制牲畜采食，造成采食量下降，生产性能受到影响。因此，在决定什么时候开始放牧时，应该考虑牧草的密度和高度。每种牧草都有一个适合开始放牧、停止放牧的最佳高度。表6列举了禾本科牧草和豆科牧草适合开始放牧和停止放牧的平均高度。这可以维持良好的草场质量，为牲畜提供容易获取牧草，而且还能使那些已经被放牧过的牧草恢复生长。

表6　牧草开始放牧和停止放牧的平均高度

种 类	牧草高度（厘米）	
	开始放牧	停止放牧
高大的冷季型禾草鸡脚草、速生匍匐冰草、马羊草、无芒雀麦、高羊茅、猫尾草	20～25	10
高大的豆科牧草苜蓿、红三叶、百脉根	20～25	10
多年生黑麦草	15～20	5

（续表）

种　类	牧草高度（厘米）	
	开始放牧	停止放牧
矮小的冷季型禾草和豆科牧草早熟禾、白三叶	10～15	5
暖季型牧草大白羊、须芒草、高粱、苏丹草、柳枝稷	30～36	10～15

（4）不同牲畜的放牧习性。不同的牲畜有不同的放牧习性。而且，不同的牲畜吃不同的牧草用的方式也不同。表7列举了一些牲畜的偏食性。如果草场上同时放牧的牲畜不止一种，最好先放牧喜欢挑食的牲畜，然后再放牧比较不挑食的，例如，绵羊或山羊要先放牧，马或牛其次。绵羊和山羊喜欢采食贴近地面的牧草，在牧草稀疏时可能会导致过度放牧。而且，绵羊和山羊蹄子的践踏活动可能导致草地水土流失，尤其是过度放牧的草山草坡。比起禾草，山羊更喜欢吃木质化程度高的牧草的茎和叶。利用山羊的这种特性，可以清理草场。绵羊吃的更多的是杂类草。

表7　不同牲畜选择采食的牧草种类

牧草种类	采食的百分比（%）			
	绵羊	山羊和白尾鹿	牛	马
禾本科和豆科牧草	60	20	70	90
杂类草	30	20	20	4
木本牧草	10	60	10	6

5. 牲畜对草场的影响

除了采食外，牲畜对草场的影响是多方面的，如踩踏土壤，践踏牧草，散布粪肥等。

一些牲畜的踩踏会破开土壤表面使水更好地渗透，这对草场是无害的。但是，过度的踩踏能使土壤紧实度提高。轮牧可以减少土壤紧实度，因为土壤有时间在放牧后休养恢复。草场很湿的时候禁止牲畜进入，以降低土壤的紧实和对牧草的损害。在牲畜走路或宿营的连续放牧场上，土壤侵蚀是一个问题。轮牧可以将侵蚀问题减到最小，因为轮牧系统阻止了牲畜日复一日在同一块草场上的活动。无芒雀麦、马羊草和早熟禾是很耐踩踏的牧草，在一块草场补播或混播其中的任意一种，都会很大程度地提高草场的践踏耐性。

6. 粪便

粪便是非常重要的养分循环来源，应该管理好为牧场增加效益。在连续放牧情况下，牲畜把粪便集中排泄在它们的聚集地，所以，粪便没有成为放牧场有效的肥料。这造成草场中部分地方获得的营养物质很少，而牲畜喜欢聚集的其他地方营养过多。轮牧大大提高了粪便的在草场上的广泛分布，减少了维持土壤肥力的投入。尤其是在植被茂盛的草场放牧，能帮助粪便更均匀的分散，加快粪便营养的分解和循环利用。

粪便的另一个重要贡献是为草场提供养分和有机质。一头奶牛一天可以排泄23千克或更多的粪便。牲畜通常不吃自己粪便附近的牧草，但是，会吃其他牲畜粪便附近的牧草。这种回避最有可能是由于粪便排泄两至三周后留下的气味。但等到这种气味消失了，原来没有被采食的牧草也长老了，适口性不如周围的牧草好，最后还是没有被采食。利用这种行为，可以通过撒粪便的办法避开牲畜对某一块牧草的采食。

不应该强迫牲畜吃粪便周围的牧草，因为那里边往往含有有害寄生虫。牧草周围排粪不能避免，但是，有办法减少。较高的载畜率就可以减少它们，而且，较高的载畜率还有助于粪便破碎（通过蹄子的动作），不仅能加速粪中养分的分解，同时还能打破寄生虫的循环。

（三）补饲技术

1. 补饲时间

在放牧季节，除了牧草生长旺盛的7月、8月外，6月、9月、10月、11月都应该对放牧羊群进行补饲。草场退化严重、牧草质量差的地区，12月到次年5月底应进行全舍饲。牧谚说："早补补在腿上，迟补补在嘴上。"补的越早，效果越好。从每天的补饲时间来讲，出牧前或归牧后补饲都可以。从不同畜种来讲，种公羊一般在配种前一个月补饲，怀孕、哺乳母羊及病、弱羊应适时补饲。

2. 补饲重点

补饲时应优先怀孕后期母羊,因为胎儿体重的 90% 以上是在母羊孕期的后 1/3 时间内生长发育,而且母羊面临着产羔、泌乳、哺育羔羊的繁重营养消耗,良好的补饲可提高羔羊的初生重、成活率和抗病能力。另外,要注重育成羊及种公羊的补饲。育成羊处于快速生长期,营养贮备能力差,要补饲较多的饲草料才能满足生长和维持需要。种公羊由于秋末冬初繁重的配种消耗,需要及时补充体内营养贮备才能保持健康。

补饲期间,如果改换饲草料,应循序渐进,禁忌骤然变动,以免发生消化系统功能紊乱、饲料报酬降低等不良情况。

3. 补饲量

补饲时应该按照羊只的性别、生理期和体格大小,灵活调配补饲量。表 8 列举了配种期和非配种期公羊、育成公羊、断奶羔羊、妊娠前后期母羊、分娩期和哺乳期母羊每天的饲草料补饲量。

表 8 不同牲畜每天的饲草料补饲量

羊只	补饲量(千克/天)					
	精饲料	优质干草	玉米青贮料	鸡蛋(个)	钙(克)	磷(克)
配种期公羊	0.5	0.6	1.5	1~2	/	/
非配种期公羊	0.3	0.35	1.5~1.0	/	/	/
育成公羊	0.25	0.25	0.45	/	/	/
断奶羔羊	0.2	0.25	/	/	/	/
妊娠前期母羊	0.3~0.5	0.5~0.7	/	/	2.3	2.3
妊娠后期母羊	0.3~0.7	0.5~0.7	0.25	/	8~12	0.5~0.7
分娩期和哺乳期母羊	0.5	0.7~1.5	0.45~0.55	/	8~12	0.5~0.7

三

冬春季舍饲半舍饲技术

草地畜牧业是牧区的主要生产活动和经济来源。在草原载畜能力衰退到不得不减少家畜养殖数量的情况下，冬春季舍饲或半舍饲、夏季放牧补饲，是解决草原生态保护和农牧民生计问题的双效办法。我国牧区大多数分布在偏远寒冷地区，冬春季气温较低，一般在 -20 ~ -10℃，最冷的时候能达到 -30℃。在这种环境下仍然赶出去放牧，会造成羊只体重损失，严重时损失可达30%。冬春季舍饲半舍饲可以避免上述问题，而且这也是一种比较科学实惠的饲养方式。如果能在全国牧区和半牧区推广使用，可以促进牧区养羊业高效、快速、持续稳定、健康地发展，给广大农牧民带来更多的实惠。

（一）优点

1. 有利于保护草场

我国60亿亩（4亿公顷）天然草原养活着1.6亿多的牧区人口，草原是牧区农牧民赖以生存的物质基础。但是，"靠天养畜"的数量型畜牧业，不仅导致草原生产力严重下降，也出现了一系列生态问题。为了遏制草原进一步退化、沙化，2000年国家开始实施生态治理工程，推行草畜平衡政策，禁牧、休牧的同时减少养殖数量。在这种形势下，开展舍饲半舍饲养羊，一方面可以减少羊只在草场的放牧活动，保护生态环境，便于落实草畜平衡；另一方面，可以维持或提高羊只个体的体增重，提高经济收入。特别是在早春时期，禁牧舍饲可以避免草场刚返青时被采食，有利于牧草早期的生长发育。对于羊只来说,早春舍饲可以避免放牧容易出现的"跑青"危机,减少长途跋涉带来的额外消耗,有利于提高体增重。等到5月中旬时开始放牧,可以刺激牧草分蘖,也可以抑制有毒有害杂草的危害,同时还能提高牧草产量。

除了保护草原生态环境外,舍饲养羊还有利于保护环境卫生。在舍饲情况下,羊舍及运动场容易清扫保洁,能多积有机肥,还可以杀死粪便中寄生虫卵、便于防疫。

2. 有利于提高家畜生产潜力

舍饲可以减少家畜御寒所消耗的能量,从而减少体重损失。而且,放牧采食本身是一个消耗能量的过程,在低温天气放牧会加剧这种消耗。因此,在冬春季将户外放牧转变为室内舍饲,可以减少羊只能量额外消耗,有利于发挥生产潜力,提高养畜经济效益。据分析,在营养物质相同的条件下,舍饲羊的日增重明显高于放牧羊。每只舍饲羊投入159元,收入244元,获利85元;每只放牧羊投入82元,收入143元,获利61元。很明显,虽然舍饲增加了饲料等投入,但获得的利润每只羊比放牧多24元。

舍饲便于绵羊繁育,可有效提高羊群群体质量。放牧一般都是公母羊混群饲养,无法进行科学合理地选种和选配,导致羊群后代血缘关系混乱、幼龄母羊早配早孕,影响生长发育。高度近交繁殖,使后代羊的体质和生产性能下降,容易导致整个品种性能的退化。舍饲可以将公母羊分圈饲养,对发情的母羊进行科学选配,有效防止早配早孕和近交,有利于提高后代羊的质量。此外,舍饲还有利于羊群防疫。放牧羊群不可避免地经常出现在其他羊群、家畜、各种野生动物等活动的地方,很容易传染上传染病、寄生虫病或皮肤病等,使放牧羊群防疫工作的难度加大。舍饲是一个相对封闭的环境,有利于羊群防疫。而且,从生活习性上,绵羊更适合舍饲养殖。与喜欢游走、善于攀爬的山羊不同,绵羊胆小温顺,喜欢安静环境。在舍饲条件下,受外界环境因素的影响小,不受惊吓,能安静采食、反刍,有利于食物的消化吸收,容易上膘,饲料报酬也高。

3. 有利于推广畜牧业新技术

由于受"靠天养羊"传统观念的影响,牧民对科学养羊重视不够,长期片面追求数量型养殖,导致草原超载过牧,畜产品质量下降,畜牧业收入减少等一系列问题。而已经兴起的农区养羊长期停留在分户散养、低投入、低产出的小农生产状态，无法形成标准化养殖和规模效益。要从根本上改变我国羊业生产的落后状况，尤其是在牧区和半牧区，必须转变生产方式，进行舍饲半舍饲标准化规模养殖。首先，舍饲半舍饲可以提高羊群繁殖力，便于良种杂交、人工授精等先进育种技术的实施与推广。其次，舍饲为羊群繁殖和哺乳创造了舒适安宁的环境，有利于提高母羊繁殖力，加快羔羊出栏速度，从而提高羊群整体的繁育效率。

舍饲半舍饲养羊还有利于羊场引进和推广应用饲草料加工调制技术、羔羊培育技术、育肥技术等新兴科学技术。我们走访调研中发现，许多牧户因担心育肥影响羊肉卖价，而不愿意进行肥羔生产。实际上，绵羊冬春季舍饲＋夏季放牧补饲，不仅不会影响羊肉的品质和风味，相反，还能增加羊肉的嫩度和营养浓度，使肉质细腻多汁。这与完全放牧羊肌肉纤维粗糙、肉质结实，短时间煮的手把肉时常"咬不动、嚼不烂"的情形完全不同。

（二）需要的条件

1. 品种的选择

在我国牧区，绵羊品种和杂交改良绵羊的品种多而杂，但专门化品种稀缺，优秀品种的有效利用率不高。对于舍饲养羊，在品种方面应根据当地的自然资源条件，选择适应性强、生产性能高、产品质量好、饲养周期短、经济效益高的品种。例如，在内蒙古牧区可以选择乌珠穆沁羊、苏尼特羊、杜蒙肉羊、内蒙古细毛羊等品种，宁夏、甘肃牧区可以选择滩羊、德国肉用美利奴等品种，新疆牧区可以选择新疆细毛羊、和田羊、巴什拜羊等品种，青藏高原牧区可以选择不同类型的藏羊、岗巴绵羊、彭波半细毛羊等地方品种。将这些地方优良品种与引进品种进行经济杂交，大力推广杂交改良技术，改良本地绵羊，提高生产性能。

2. 羊舍的构建

（1）普通羊舍。目前，牧区大多数养殖户修建的羊舍不规范，通风不良，或简单到只有四墙，毫无遮挡。有些羊舍只是在房前屋后搭建简易的草棚或瓦棚，或用砖头、石块、石板搭建简易羊圈。喂料、喂水用的饲槽和饮水槽设计不合理，不方便不同性别、年龄、生理阶段羊群的分群饲养，造成严重的饲草料浪费。这样在羊群争抢吃草或喝水时，容易导致羊群疾病交叉感染，母羊流产、早产或外伤。因此，舍饲养羊必须规范建造羊舍及饲喂设施。具体地讲，不同地区应该根据当地的自然条件和建筑材料，选择合适的羊舍建筑，例如，在北方牧区，由于气候干燥，雨水量少，可以选用水泥、砖或三合土作为建筑原料，配备铁质料槽和饮水槽。建成的羊舍应空气流畅、光线充足、冬暖夏凉，便于清扫，方便饲喂，符合绵羊喜欢清洁干净的习性。在羊舍的管理上，要记住"羊不卧湿"和"圈暖三分膘"的道理；同时，要定期消毒，要有配置保暖设备的产房。

①羊舍的位置。羊舍应该布置在牧户住房的下风向，地势必须通风向阳、冬暖夏凉、排水良好。羊舍的地面要高出周围地面20厘米以上。建筑材料应就地取材，总的要求是坚固、保暖和通风良好。

②羊舍的面积。可以根据饲养规模确定羊舍的面积大小，一般每只羊要保证有1~2平方米的占地面积。不同羊只需要的羊舍面积分别为：成年种公羊2.5~4.0平方米/只，空怀母羊0.8~1.0平方米/只，妊娠或哺乳母羊2.0~2.3平方米/只，冬季产羔母羊1.4~2.0平方米/只，幼龄羊0.4~0.6平方米/只，其他羊0.7~1.0平方米/只。产羔房按照基础母羊群占地面积的20%~25%计算。切记每间羊舍不能圈羊过多，否则容易增加疾病传染机会，也会给饲养管理增加难度。为了方便饲养管理，羊舍应该设置饲养员通道，通道两侧用钢筋或木质栏杆隔开。栏杆之间的间隔根据羊的大小而定，一般按照羊头能伸出来的标准确定。

③羊舍的长度、跨度和高度。应根据所选择的建筑类型和面积，确定羊舍的长度、跨度和高度。一般，双坡单列式羊舍高度为6米，双列式为10~12米；羊舍檐口高2.4~3米；舍内走廊宽13~14米。如果是封闭式羊舍，高度要考虑阳光照射的面积。在羊舍前栏的外部，设内侧高20厘米、外侧高35~40厘米、内宽20厘米的料槽和饮水设施。条件好的家庭牧场，还可以建造标准羊床，规格要求如下。

羊舍宽4米，羊舍前檐高3米以上，长度根据地势确定，羊床漏粪板长4米，宽4厘米，厚4厘米，板间距2~3厘米，距羊舍底部地面1.2米以上，羊床前栏高1~1.2米，羊床前栏宽12~15厘米、厚2厘米（称为颈夹板）。羊舍地面沿蓄粪池方向成30°以上坡度，粪尿随排粪沟排到羊舍外的积粪池或沼气池中。羊床要分割成长1~1.2米的公羊栏，1.2~1.5米长的带羔母羊栏和临产母羊栏，以及其他羊只栏3部分。

④运动场。为了保证舍饲羊的健康，羊舍出入口外应设运动场，供羊自

由活动、饮水。运动场也应该是地势高燥，排水良好。运动场的面积可根据羊只的数量而定，一般为羊舍面积的 1.5～3 倍，能够保证羊只的充分活动。运动场四围要有墙围，夏季要有遮阴、避雨的地方，最好在四周栽上树。

⑤羊舍设计简图。封闭式羊舍（图 22）：

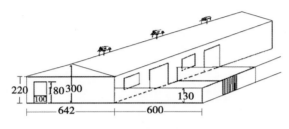

图 22 封闭式羊舍

注：舍内走廊：宽 1.3 米左右。

运动场墙高：1.3～1.6 米。

每个圈舍面积：4.8 米×4.5 米。

每个圈舍内设一个面积为 0.8 米×0.8 米的后窗，在屋脊上设置一个可以开关的风帽。

开放式羊舍（图 23）：

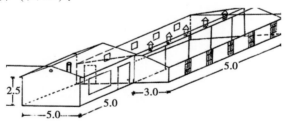

图 23 开放式羊舍

注：前墙高 1.1～1.3 米。

后墙高 1.8 米，前檐宽 0.7 米。

圈舍内走廊宽 1 米，地面至最高点 2.5 米，跨度 8 米。

圈舍内地面前低后高，后端高出舍外地面 0.3 米，坡度以雨水自然排出为好，地面砂石锤实。

圈舍墙壁应尽量增加厚度，不低于 15 厘米，顶部可以覆瓦。

前墙设 1.5 米宽的门或栅栏，冬季设保温门；前墙与圈舍间冬季覆膜。

后墙下沿离地 1.5 米处设窗户。

每间圈舍里面在最高点设换气孔（可开关），用于调节舍内空气质量与温度。

图 24 带饲槽、运动场的封闭式羊舍

⑥饲槽。饲槽是舍饲养羊的必备设施，喂羊既能节省饲料，又干净卫生。饲槽有自动饲槽和非自动饲槽 2 种。自动饲槽，主要用来饲喂精饲料，一般有专门的制造商生产，普通牧户很少使用。最近我们在锡林浩特养殖场看到了一种自动饲槽，由料箱、出料口和采食槽 3 部分构成，出料口做成小斜坡形（图 25），使用非常简单。将一天用的饲料一次全部倒入料箱里，盖上盖子，当羊采食时料从两侧自动出来。自动饲槽不仅工作效率高、节省劳动力，还能避免饲料被踩踏污染，减少浪费。自动饲槽的价格高于普通饲槽，适合养殖场或比较大的家庭牧场使用。

图 25　自动精料饲槽

　　目前在牧区，饲喂精饲料用的更多的仍然是非自动饲槽，以长条形为主。可用砖、木头、水泥等砌成固定的饲槽，也可用铁皮、废旧轮胎做成可以移动的饲槽。一般上宽 30 厘米左右，深 25 厘米左右（图 26），长度可根据羊只的多少来定，但总的要以搬动、清洗和消毒方便为准。

图 26　铁质精料饲槽

　　比较常见的长形固定式饲槽有铁质槽、水泥槽和木头槽，一般设在羊舍内或运动场栅栏外边，用于饲喂铡碎草、青贮饲料等，如图 24、图 27 和图 28 所示。水泥槽冬天容易结冰，也不容易清洗和消毒。木头槽适合喂草，但不耐用。铁质槽耐用、容易清扫，也可以随处移动，使用方便，所以用的比较多。

图27 水泥饲槽

图28 木板饲槽

⑦供草架。供草架是用来盛草的用具，可以用钢筋、木材、石头等制作。用砖、石头等可以砌成简易供草架，先用砖、石头砌成一堵墙，或直接利用羊圈的围墙，然后将数根 1.5 米多长的木杆下端埋入墙根，上端向外倾斜 25°，并将各个竖杆的上端固定在一根横棍上，横棍的两端分别固定在墙上就可以了。

　　钢筋或木制活动供草架，制作起来复杂一点。先做一个高 1 米、长 3 米的长方形立体框，再用 1.5 米高的钢筋或木条制成间隔 12～18 厘米（颈枷的宽度根据羊的个体大小确定）的"V"字形装草架，最后将草架固定在立体木框之间。也可以将供草加和料槽做成一体，如图 29，用上面的"V"字形架喂草，底部的椭圆形槽喂料。

图 29　草料一体饲槽

　　⑧饮水槽。饮水槽一般固定在羊舍或运动场，可用镀锌铁皮制成，也可用水泥、废旧油桶制成。饮水槽应该在一侧下端设置排水口，以便清洗，保证饮食干净卫生。水槽高度应以羊方便饮水为准。目前牧区使用的饮水槽大多是铁质水槽，如图 30 所示。

　　（2）暖棚。在牧区或半牧区，牧户通常使用的羊圈大多是传统的敞圈。这种羊圈虽然造价低，使用简单，但是不适合冬春季天气冷时圈羊。由于冬春季寒冷潮湿，羊只常常出现饲养周期长、饲料消耗大、生长发育受阻、繁殖率低、死亡率高等问题，严重影响牧民的经济收入。冬春季采用暖棚能避免这些问题，而且暖棚舍饲也是近年才兴起的突破性养羊技术。从定义上来说，暖棚技术是指将羊舍的一部分用塑料膜覆盖，利用塑料膜的透光性和密闭性，将太阳能的辐射热和羊体自身散发的热量保存下来，提高棚内温度，创造适于羊只生长发育的环境，减少热能消耗，提高营养物质的有效利用，进而获得较好经济效益的饲养技术。实践证明，利用暖棚养羊比敞圈节省饲料、羔羊成活率高。羊只越冬死亡率由原来敞圈饲养的 10% 下降到暖棚饲养的 2% 以下，产羔成活率由原来的 75% 提高到 96%。

图30 铁质饮水槽

①暖棚养羊的技术要点。

温度：暖棚的供热源有2个——畜体自身散发的热量和太阳光辐射热，其中，太阳辐射是最重要的热源。暖棚应尽可能多地接受太阳光辐射，并加强棚内热交换管理，也可以通过覆盖草帘、地温加热、棚内挂置电暖气等措施保温。覆盖草帘可控制夜间棚内热能不通过或少通过塑料膜传向外界，以保持棚内温度。

暖棚内温度的维持主要有2个方面。首先，要做好棚顶保温。由于热空气上浮，塑料棚顶部散热较多，所以暖棚塑料膜覆盖部分要占棚顶面积的一半以上。遇到极冷天气（-25℃以下）时，塑料棚顶上最好加盖草帘或毛毡、棉被等，以减少棚内热量的散失。其次，注意墙壁保温。畜舍四周墙壁散发的热量占整个畜舍散发热量的 35% ~ 40%。要求墙的厚度：砖墙不小于 24 厘米，土墙或石墙分别不小于 30 厘米和 40 厘米。门窗的密封性要好，极冷时在门窗上加盖帘子。

湿度：棚内湿度主要来源于大气带入、畜体排放、水汽蒸发等。湿度控制除平时清理粪尿、加强通风外，还应采取加强棚膜管理和增设干燥设施等措施控制。羊舍内的湿度应控制在低于 75%。为保持棚内温度又不让湿度和有害气体增多，每只产羔母羊使用的面积和空间应分别设为 1 ~ 1.2 平方米和 2.1 ~ 2.4 立方米。另外，还要经常通风换气，确保棚内空气新鲜。

光照：为了充分利用太阳能，使棚内有更多的光照面积。建棚时要使脊梁高度与太阳的高度角一致，这样才能增加阳光射入暖棚内的深度。以每年冬至正午阳光能射到暖棚后墙角为最低要求，使房脊至棚内后墙脚的仰角大于此时的太阳高度角。暖棚前墙高度影响棚内日照面积，所以前墙高应低于 1.4 米。

粉尘和有害气体：牲畜呼吸、粪尿发酵、垫草腐败分解等都会释放有害气体和微生物，同时牲畜活动也会把暖棚内的粪末和灰尘扬起。这些有害气体和粉尘都会影响羊只健康，容易带来呼吸道疾病。有效控制方法是及时清理粪尿，加强通风换气。通风换气的时间一般应选择在中午，时间不宜太长，每次 30 分钟为好。晴天换气时间可以长一些，阴雪天则要短一些。

②暖棚的管理要点。保温防潮：选择保温性能好的聚氯乙烯薄膜或者聚乙烯薄膜，双层覆盖，夹层间形成空气隔绝层，防止对流。密封好边缘和缝隙，门窗口可以挂帘。塑料暖棚密封性好，能汇集棚内湿气，如不注意通风换气会导致羊群发病。因此，每天中午气温较高时要进行通风换气，及时清除剩料、废水和粪尿。另外，在棚内铺设垫草或草木灰，也可以起到防潮作用。

早搭暖棚：秋末冬初室外气温一般在 10℃ 以下，加上牧草枯竭，羊只开始出现掉膘现象。要减少掉膘损失，就要早搭塑料暖棚。试验证明，每年 10 月底搭棚，可防止 80% 以上的羊掉膘，保持中等膘情。

防风防雪：为防止大雪压塌暖棚，棚面倾斜一般以 50° ~ 60° 为好，并及时扫除积雪。

③暖棚养羊应注意的问题。暖棚养羊要高度重视暖棚内清洁卫生和通风换气。如果发现异常气味、闷热等情况，要立即彻底清理粪便、敞开门窗、加强换气。暖棚内温度可适当下降，也要保证空气新鲜。另外，由于暖棚内

外温差较大，羊只外出活动应该在室外气温较高的中午进行。赶出暖棚时，先打开圈门，让羊群适应一段时间后再赶羊出去，防止寒冷突袭诱发疾病。

3. 羊粪的处理

在舍饲情况下，羊群的粪、尿及污物对环境的污染不可小觑，特别是对水源、空气和土壤的污染和危害极为严重，因此，必须注意对粪尿的合理处理。可采用堆积发酵处理，制作液体圈肥、腐熟水肥以及沼气用作能源等。在大规模舍饲条件下，还可制作复合肥、发酵干燥肥等。

4. 产品的流通

在我国，牛羊肉、牛奶、毛绒等畜产品的价格在不同地区存在较大差异，有些地区畜产品价格在全年内常出现大的波动，这会严重影响农牧民的经济收入和生产积极性。因此，迫切需要建立羊生产协会、社团、联户合作社等组织机构，以市场需求为导向，以经济效益为中心，以羊养殖户为主体，以销售加工企业为羊产品终端，建立公司＋农户规模化舍饲半舍饲养羊模式，实行生产、供应、加工、销售一体化经营，开发"拳头"羊产品，使牧区绿色、保健、高端羊肉生产走上产业化发展的道路。

（三）优质饲草供给技术

1. 粗饲料

（1）概念。粗饲料是指自然含水量＜45%，干物质中粗纤维含量≥18%的各种饲草或饲料，是我国饲料分类系统中的第一大类。包括牧草地上部分经收割、晾干制成的干草或随后粉碎加工而成的干草粉或颗粒，农作物收获籽实后的农副产品，如小麦秸、玉米秸、稻草、稻壳、豌豆秸、花生藤、秕壳、荚皮、豆秧等。当农产品加工提取出原料中的淀粉或蛋白等物质后，副产物干物质中粗纤维含量≥18%的糟渣类也属于粗饲料。有些带壳油料籽实经浸提或压榨提油后的饼粕产物，尽管粗蛋白含量高达20%以上，但是干物质中的粗纤维含量达到或超过18%，仍划分为粗饲料，而不能划分为蛋白质饲料。有些纤维和外皮比例较大的草籽或油料籽实，凡符合干物质中粗纤维≥18%条件的，都属于粗饲料。

（2）种类。粗饲料主要是干草类，农副产品类（壳、荚、秸、秧、藤）、树叶、糟渣类等。其中的干草是由天然草地或人工栽培牧草适时收割干制而成的，它们的营养成分和价值的消长规律与青草的生长阶段密切相关。当然也与干草的干制工艺有关，如晒干、阴干、人工干燥等。干草是牧区和半牧区畜牧业发展的主要物质基础。秸秆和秕壳是农作物脱谷的副产品，它们是我国农区家畜的主要饲草来源。秕壳类粗饲料的饲用品质比干草更低，但也因农作物的种属特性、收获方式和脱谷后秸秕的归类而有差异。例如，豆科和禾本科作物的秸秕相比，一般是豆科的优于禾本科的；采收籽实剩下的豌豆秧或大豆秧优于采收籽实的玉米秸。表9中列举了几种牧区半牧区养羊常用的粗饲料及其营养成分。

表9　几种绵羊常用的干草和其他粗饲料及其营养成分

（％，干物质基础）

名称	干物质	消化能（兆焦/千克）	粗蛋白	粗脂肪	粗纤维	粗灰分	钙	磷
苜蓿干草	87.7	9.7	20.9	1.2	35.9	10.8	1.68	0.22
苜蓿颗粒（初花期）	90.7	10.2	18.6	1.6	35.4	12.3	1.58	0.52
红豆草（盛花期）	93.6	10.0	14.7	4.6	25.1	10.4	0.88	0.08
白三叶（开花期）	87.0		20.8	1.1	26.3	10.0	1.34	0.41
红三叶（开花期）	86.8		17.3	2.6	34.6	9.0	1.27	0.42
羊草	91.6		7.3	3.2	32.1	4.6	0.40	0.20
麻叶荨麻（初花期）	87.0	9.6	18.5	2.5	36.0	19.0	3.60	1.60
小麦秸	91.6	2.3	3.1	0.7	44.7	5.9	0.28	0.03
玉米秸	91.3	6.1	10.9	1.3	26.8	6.1	0.43	0.25
大豆秸	89.7	9.5	5.1	1.7	52.1	7.4	0.68	0.03
白酒糟	3.4	3.0	24.8	7.1	75.0	3.4	/	/

注：表中部分数据来源于韩友文（1997）

（3）优点。粗饲料来源广，数量大，价格低，主要来源是农作物秸秆和秕壳，总量是粮食产量的1~4倍之多。粗饲料是牛羊不可缺少的饲料，可促进胃肠道蠕动、增强消化，还可促进幼龄羊胃肠道的发育。

（4）缺点。粗纤维含量高，可消化养分含量低，有机物消化率70%以下；适口性差。

（5）加工利用方法。粗饲料的加工调制方法有物理加工、化学处理和生物学处理3种（具体调制方法在后面一节中有详细介绍）。经过适当的加工处理，可明显提高粗饲料的营养价值和饲用品质。一般粉碎处理可提高采食量7%，加工制粒可提高采食量37%，化学处理可将采食量和有机物消化率分别提高18%～45%和30%～50%。

2. 青绿饲料

（1）概念和种类。青绿饲料是指自然含水量≥45%的陆地或水生野生或栽培牧草的整株或其中一部分，包括放牧家畜直接放牧采食的天然牧草和人工种植的优质鲜草，如鲜苜蓿、青贮玉米、鲜黑麦草、鲜三叶草等。各种鲜树叶、菜叶以及非淀粉和糖类的块根、块茎和瓜果多汁饲料，符合自然水分含量≥45%条件的也属于青绿饲料。有些糟渣类虽然含水量可高达90%以上，但属于非自然水分，不能划归为青绿饲料类，而是依然划分为粗饲料。表10列举了几种北方农牧区养羊常用的青绿饲料及其营养成分，其中有豆科青草、禾本科青草以及杂草。

表10　几种绵羊常用的青绿饲料及其营养成分 （%，干物质基础）

名称	干物质	消化能（兆焦/千克）	粗蛋白	粗脂肪	粗纤维	粗灰分	钙	磷
苜蓿（开花前期全株）	17.0	12.6	25.3	2.9	23.5	11.8	2.41	0.35
苜蓿（开花初期全株）	22.7	12.0	22.9	3.5	26.0	11.5	2.56	0.31
苜蓿（开花中期全株）	29.0	10.3	19.0	3.4	30.0	10.3	1.76	0.24
三叶草	18.5	10.7	19.9	1.73	28.8	8.6	1.32	0.33
沙打旺	14.9	11.5	17.3	3.1	22.1	7.7	3.27	0.15
紫云英	13.0	11.3	22.3	1.3	19.2	13.0	1.38	0.53
羊草（成熟期）	86.0	8.6	11.7	2.9	38.9	5.7	0.24	0.14

（续表）

名称	干物质	消化能（兆焦/千克）	粗蛋白	粗脂肪	粗纤维	粗灰分	钙	磷
燕麦草	17.9	12.2	14.4	4.8	14.1	4.1	0.56	0.36
雀麦草（开花期）	25.3	11.2	9.7	3.1	30.5	5.4	0.53	0.28
青贮玉米（不同品种）	18~30		4.5~10.5	1.3~2.2	33~62			
灰菜	10.0	10.5	27.0		16.0		1.16	0.30
苋菜	12.0	10.3	23.3		15.0		2.08	0.58
甜菜叶	11.0	12.4	24.5		10.0		0.55	0.09
马铃薯秧	15.0	7.9	24.0		20.0		1.50	0.40
树叶类（多见槐树叶）	10~20	11.3	16~20		10~12			

注：表中部分数据来源于韩友文（1997）

（2）优点。营养价值高、适口性好；来源丰富、成本低；具有特殊营养意义，可补充维生素；合理使用，可节约精饲料，降低饲养成本。在生长季节里，青绿饲料是牧区牛、羊及马等草食家畜的唯一营养来源。青草中的氨基酸组成较为平衡，通常优于籽实，而且在萝卜素和各种B族维生素含量方面也明显胜过干草和谷类饲料。这也是牧区家畜只靠放牧就能得以繁衍和生产畜产品的基本保证要素。

（3）缺点。新鲜青饲料含水高，体积大，家畜的采食有限；干物质中粗纤维较多，猪禽的利用率较差；生产受季节约束，供应不稳定；使用不当，造成家畜死亡和生产性能下降。青绿饲料在营养价值和饲用价值方面，因多种因素的影响而有很大差异。一般，自然野生或栽培的青草水分含量很高，干物质含量仅占1/4左右。生长早期的幼嫩青草干物质含量更少，大约只占鲜草的1/10。青绿饲草自然含水率高的这一特点注定了以等重量相比较，它们所提供的营养物质数量与能量远不及那些含水率低的饲草。例如每千克鲜重的青草只能提供1.0~2.5兆焦的有效能和15~50克的粗蛋白，而等重量的优质干草可提供5倍以上的同样营养。

（4）加工利用方法。青绿饲料的加工利用方式主要有晒制干草、调制青贮饲料2种（具体调制方法在后面一节有详细介绍）。干草和青贮饲料的品质与饲用价值，除了制备工艺条件外，完全取决于原料的品质和营养成分含量。青绿饲草来自于牧草的营养组织——茎和叶。由于牧草的生长阶段、茎叶的老嫩程度和比例不同，表现出的营养成分和营养价值也有明显差异。青绿饲草必须适时收割、利用。豆科青草（以苜蓿为主）应在开花初期收割，禾本科青草应在抽穗期收割。上文表 10 以开花期苜蓿青草为例，说明了青草营养价值随生长期变迁而变化的规律。

3. 青贮饲料

（1）概念。青贮饲料是以新鲜的青刈牧草、饲料作物、各种蔓藤、树叶等为原料，切碎后装入青贮容器内（窖或塔），隔绝空气，在厌氧条件下经乳酸菌的发酵制成的饲料。这个发酵过程叫作青贮。进行发酵过程的容器叫青贮窖。青贮是减少养分损失的调制和贮藏青绿饲料的有效方法。青贮饲料的含水量通常在 45% 以上。青贮饲料营养、多汁、取用方便，是养羊优选的优质饲草来源。

（2）种类。可以作为青贮饲料的原料多种多样，除了常用的牧草和饲料作物及其秸秆以外，块根块茎、蔬菜以及蔬菜副产品、野菜、杂草、树叶、各种工业加工副产品如甜菜渣、酒糟、啤酒糟都可以制作青贮原料。按原料含水量的高低，青贮饲料可以划分为：高水分青贮（常规青贮）、凋萎青贮和低水分青贮（半干青贮）。高水分青贮是指新鲜刈割的青贮原料直接青贮，一般含水量 70% 以上。这种青贮方式的优点是减少了田间晾晒损失和气候影响。20 世纪 40 年代初期开始凋萎青贮，在美国等国家广泛应用，方法是将新鲜刈割的青贮原料经过 4～6 小时晾晒，使含水量达到 60%～70% 时再捡拾、切碎、入窖青贮。低水分青贮，含水量为 45%～60%，主要应用于豆科牧草（主要是苜蓿）。目前，牧区半牧区常用的青贮饲料有全株玉米青贮料、玉米秸秆青贮料和苜蓿青贮料。表 11 中列举了几种可以供绵羊选用的青贮饲料及其营养成分。

表 11　几种青贮饲料及其营养成分　　（%，干物质基础）

名称	干物质	产奶净能（兆焦/千克）	粗蛋白	中性洗涤纤维 NDF	可溶性糖 WSC	钙	磷
全株玉米青贮料	29.2	5.0	8.3	46.1	3.6	0.31	0.27
玉米秸青贮料	24.9		5.5	75.6	14.3		
苜蓿青贮料	33.7	4.8	15.7	38.4	1.7～2.4	1.48	0.30

（续表）

名称	干物质	产奶净能（兆焦/千克）	粗蛋白	中性洗涤纤维 NDF	可溶性糖 WSC	钙	磷
麻叶荨麻青贮料*	23.7		20.0	28.0	18.2	3.15	1.44
甜菜叶青贮料（莠莠）	31.5	5.8	16.6	23.2	1.1	1.04	0.26

注：表中部分数据来源于韩友文（1997）；*是初花期全株麻叶荨麻，青贮时添加4%的甜菜糖蜜

（3）优点。能够较好地保存青绿饲料的营养特点，养分损失少。青绿饲料在干草调制过程中，损失30%～40%的养分。调制青贮料，由于不受日晒、雨淋的影响，养分损失较少，干物质的损失一般在10%～15%。特别是胡萝卜素的保存率，比其他加工方法都高。

能够延长青饲季节，可常年供应。青绿饲料虽然很好，但一年四季中能正常利用的季节有限，特别是在北方牧区，全年青饲季节不足半年。在整个冬春季节，家畜严重缺乏青绿饲料。采用青贮的办法，可以弥补青饲料在利用时间上的缺陷，常年稳定供应。

适口性好，易消化。牧草在青贮过程中由于大量乳酸的产生，故而气味芳香，柔软多汁，适口性好，各种家畜都喜食，而且还有刺激家畜消化腺分泌的作用。此外，青贮饲料的消化率也优于干草，表12比较了干草和青贮饲料的消化率。

表12　同种原料调制的青贮料与干草的消化率比较

名称	干物质（%）	粗蛋白（%）	粗脂肪（%）	无氮浸出物（%）	粗纤维（%）
干草	65	62	53	71	65
青贮	69	63	68	75	72

调制方便，耐久藏。青贮饲料调制很方便，一次贮备，长久利用，而且在调制过程中受气候条件的影响很小。青贮料制成后，若当年用不完，只要青贮窖不漏气，长期保存也不会变质。青贮料存放时体积比干草少一半以上，既节省场地，又能安全存放。

青贮可以扩大饲料资源。有些饲草，如马铃薯茎叶由于味道奇怪、适口性差，青饲时家畜不喜食，利用率很低。但经青贮之后，气味改善，柔软多

汁，改善了适口性，提高了利用率。有些农副产品（如甘薯蔓、萝卜叶、甜菜叶等）收获期集中、收获量大，一时用不完（或不宜大量饲喂），又不能直接存放，或因天气条件不能晒干，在这种情况下可以将它们随时调制成青贮料。甘薯、胡萝卜等块根块茎及瓜类饲料不容易单独贮存，添加适量干草粉或切碎干草调制青贮，既不怕腐烂，又不愁天暖后发芽。

（4）缺点。与原料相比，青绿饲草青贮后，可溶性糖因被牧草细胞呼吸和微生物发酵所消耗，所剩无几；淀粉等多糖损失较少；纤维素和木质素在一般青贮时不遭分解；青贮饲料中的蛋白氮减少，而非蛋白氮增加，一般总氮的 20%～25% 转化为非蛋白氮。对于羊来说，青贮饲料可以提供充分的非蛋白氮，但可溶性糖缺乏。因此，实际生产中，青贮饲料应与谷实类能量饲料搭配饲喂。

（5）加工调制方法。青贮饲料的调制方法有直接青贮、半干青贮、添加剂青贮、混合青贮等多种方式，具体方法和原理在下节内容里详细介绍。

4. 能量饲料

（1）概念。符合自然含水量低于 45%，且干物质中粗纤维含量低于 18%，同时干物质中粗蛋白含量又低于 20% 的饲料，都划分为能量饲料。主要有谷实类和粮食加工副产品糠麸类，一些外皮比例比较小的草籽、树实类以及富含淀粉和糖的根、茎、瓜果类。来源于牧草的油脂类、糖蜜和乳清也属于能量饲料。

（2）种类。能量饲料主要包括：谷实类，谷实类饲料是禾本科牧草籽实的统称，有玉米、小麦、大麦、高粱、莜麦、青稞等；糠麸类，如小麦麸、稻糠、大麦皮、次粉等；块根、块茎类，如甜菜、胡萝卜、甘薯、马铃薯等；瓜果类，主要是南瓜；液体能量饲料，如油脂、糖蜜、乳清粉等。表13 列举了几种绵羊常用的能量饲料及其营养成分。

表13　几种绵羊常用能量饲料及其营养成分　（%，干物质基础）

名称	干物质	消化能（兆焦/千克）	粗蛋白	粗脂肪	粗纤维	无氮浸出物	粗灰分	钙	磷
玉米	86.0	16.7	10.0	3.10	2.2	81.3	1.50	0.02	0.28
小麦	87.0	16.3	16.0	2.0	2.2	71.6	2.2	0.20	0.47
大麦	87.0	14.5	12.6	2.0	5.5	77.1	2.8	0.10	0.28

（续表）

名称	干物质	消化能（兆焦/千克）	粗蛋白	粗脂肪	粗纤维	无氮浸出物	粗灰分	钙	磷
燕麦	89.2	14.8	14.2	6.4	11.0	66.0	4.8	0.19	0.41
青稞	86.9	15.1	10.9	1.8	2.9	81.0	2.1	0.05	0.33
小麦麸	87.0	12.2	16.4	3.6	11.6	61.7	6.1	0.13	0.58
玉米糠	88.2	11.8	11.0	4.5	10.3	70.2	4.0	0.09	0.54
甜菜	15.0	13.5	13.3		11.3	66.0	5.0	0.04	0.27
胡萝卜	12.0	15.3	9.2		10.0			1.25	0.75
动物油脂	99.5	33.7	/		/	/	/	/	/
植物油	99.5	31.6	/		/	/	/	/	/
甜菜糖蜜	73.2	10.5	/		/	/	/	/	/
乳清	5.3	14.3	/		/	/	/	/	/

注：表中部分数据来源于韩友文（1997）

（3）优点。谷实类能量饲料的共同特点是无氮浸出物含量特别高，一般都在70%以上，其中，淀粉含量占无氮浸出物的82%～92%，消化率很高。粗纤维含量通常很低，一般在5%以内，只有带颖壳的大麦、燕麦、稻等在10%左右。玉米、小麦、大麦等谷实的干物质消化率很高，所以有效能值也高，因此，它们也成为各国畜牧业生产中的最重要的大宗能量饲料。

（4）缺点。谷实类的蛋白质含量低、粗蛋白约为10%，且品质不佳，氨基酸组成不平衡，赖氨酸和蛋氨酸较少，尤其是玉米中含色氨酸低，麦类中苏氨酸含量低。脂肪含量少，玉米、高粱含脂肪3.5%左右，但不饱和脂肪酸亚油酸和亚麻酸的比例较高。矿物质中的钙含量也低，磷多以植酸形式存在，谷实饲料钙含量在0.2%以下，而磷含量在0.31%～0.45%，且钙磷比例极不合理。维生素含量低，其中，黄色玉米含胡萝卜素较为丰富，其他谷实饲料中含量极少；谷实饲料富含维生素 B_1 和维生素 E，但是缺乏维生素 B_2、维生素 C 和维生素 D。

（5）能量饲料的加工。一般来说，能量饲料的适口性好，可消化性高，加工调制意义不大，但其籽实的种皮、颖壳、糊粉层的细胞壁物质，淀粉粒的性质及某些抑制性物质如抗胰蛋白酶等，仍会影响动物对其养分的消化与利用。因此，也有必要对其进行适当的加工调制。如大麦、燕麦和水稻等籽实的壳皮坚实不易透水，饲用前要进行磨碎、压扁与制粒等加工调制措施，但磨碎不能过细，否则粉状饲料的适口性反而变差。一般牛羊为 1~2 毫米，马为 2~4 毫米。粉尘多的饲料可以用湿润法，硬实的籽实多用浸泡法软化或用于溶去有毒物质。对马铃薯、大豆及豌豆等可以用蒸煮或高压蒸煮法，进一步提高饲料的适口性，提高消化率。

5. 蛋白质饲料

（1）概念。蛋白质饲料是指自然含水量低于 45%，干物质中粗纤维含量又低于 18%，同时干物质中粗蛋白含量达到或超过 20% 的豆类、饼粕类。各种合成或发酵生产的氨基酸和非蛋白氮产品，不划入添加剂大类，而应划入蛋白质饲料类。

（2）种类。蛋白质饲料主要包括：豆类籽实，如大豆、黑豆、豌豆和蚕豆等；饼粕类，如大豆饼粕、菜籽饼粕、棉籽饼粕、葵花籽饼粕、胡麻饼粕等；其他加工副产品，如玉米面筋、豆腐渣等。表 14 列举了几种牧区半牧区养羊常用的蛋白质饲料及其营养成分。

其中，豆类籽实主要用于人的食品。富含油脂的大豆多用于提取食用油，一般很少用作饲料。有些家庭牧场也用大豆浸泡后补饲哺乳母羊和羔羊。未经加工的豆类籽实大多含有影响消化和营养的酶抑制物，所以生喂不利于羊只对营养物质的消化和吸收。蒸煮或适度加热，可以钝化或破坏酶抑制物的活性，消除对羊只或其他家畜的危害。

富含脂肪的豆类籽实和油料籽实提油后的副产物统称为饼粕类饲料。压榨提油后的块状副产物叫作饼，浸提出油后的碎状副产物叫作粕。所有的饼、粕类蛋白质饲料中，产量大、品质好、使用最广的是大豆饼、粕，主要产区在东北的黑龙江和吉林两省。棉籽饼、粕产区是华北和中原一带。菜籽饼、粕盛产于长江流域各省。胡麻饼、粕分布在西北一带。棉籽、菜籽和胡麻等饼、粕含有对家畜有毒、有害的物质，使用前需要先进行脱毒处理。

表 14　几种绵羊常用的蛋白质饲料及其营养成分（%，干物质基础）

名称	干物质	消化能（兆焦/千克）	粗蛋白	粗脂肪	粗纤维	粗灰分	钙	磷
大豆	87.0	16.4	40.3	17.3	5.1	4.2	0.31	0.55
豌豆	89.0	15.3	26.1	1.2	6.2	2.6	0.13	0.46
蚕豆	87.0	14.6	30.7	0.8	8.4	2.6	0.16	0.62

（续表）

名称	干物质	消化能（兆焦/千克）	粗蛋白	粗脂肪	粗纤维	粗灰分	钙	磷
大豆粕	87.0	13.5	49.4	2.2	5.9	6.9	0.37	0.70
棉籽粕	88.0	12.5	48.3	0.8	11.5	7.4	0.27	1.10
菜籽粕	88.0	12.1	43.9	1.6	13.4	8.3	0.74	1.22
亚麻仁粕	88.0	12.5	39.5	2.1	9.3	7.5	0.48	1.08
大豆饼	87.0	15.5	47.0	6.6	5.4	6.5	0.34	0.56
棉籽饼	88.0	11.3	46.0	8.0	11.0	6.9	0.24	0.94
菜籽饼	88.0	13.7	39.0	10.6	13.2	8.7	0.70	1.09
亚麻仁饼	88.0	13.8	36.6	8.9	8.9	7.0	0.44	1.0
啤酒糟	88.0	10.8	27.6	6.0	15.2	4.8	0.36	0.48

注：表中部分数据来源于韩友文（1997）

（3）营养优点。蛋白质饲料、能量饲料都属于精饲料，营养价值高、适口性好，适合饲喂羔羊和产羔母羊。干物质中粗蛋白含量高，一般在50%～80%，蛋白质所含必需氨基酸齐全，比例接近畜禽的需要。灰分含量高，特别是钙、磷含量很高，而且钙、磷比适当。维生素 B 族含量高，特别是维生素 B_2，B_{12} 等的含量相当高。缺点是碳水化合物含量低，基本不含粗纤维。

6. 矿物质饲料

（1）概念。天然生成的矿物质和工业合成的单一化合物以及混有载体的多种矿质化合物配成的矿物质添加剂预混料，不论提供常量元素或微量元素都属于矿物质饲料，如食盐、碳酸钙等。贝壳粉、骨粉来源于动物，但主要用来提供矿物质营养素，因此也属于矿物质饲料。

（2）种类。矿物质饲料主要有含钙的饲料、含钙与磷的饲料、磷酸盐、食盐、补充微量元素类饲料和天然矿物质及稀释载体（如沸石、海泡石、膨润土、麦饭石等）。动植物性饲料中虽含有一定量的动物必需矿物质，但舍饲条件下的牛羊（或高产畜禽）对矿物质的需要量很高，常规动植物性饲料常不能满足其生长、发育和繁殖等生命活动对矿物质的需要，因此，应补充所需的矿物饲料。

常用的钙、磷源饲料有：

石灰石粉：简称石粉，是天然的碳酸钙，含钙量 34% ～ 39%，是补钙最廉价的原料。

磷酸盐：包括磷酸氢钙、磷酸二氢钙和磷酸三钙。

另外，矿物质饲料还包括食盐。食盐能同时提供植物性饲料比较缺乏的钠、氯 2 种元素。商品食盐含钠 38%、氯 58%，另有少量的镁、碘等元素。专门生产的饲用盐有加碘和加硒的产品，喂羊时要事先了解生产厂家提供的说明书给出的碘和硒的含量和保质期。

补充微量元素类饲料：现在微量元素舔砖已经在牧区使用（表 15）。

表 15　绵羊常用钙、磷源饲料及其成分含量　　（%，干物质基础）

钙、磷源饲料	石粉	贝壳粉	骨粉	磷酸氢钙	磷酸二氢钙	磷酸三钙	脱氟磷石灰粉
钙（%）	37	37	34	23	17	38	28
磷（%）	/	0.3	14	18	26	20	14
氟（mg/kg）	5	/	3 500	800	/	/	/
磷的相对生物效价	/	/	85	100	/	80	70

7. 维生素饲料

维生素饲料包括工业合成或由原料提纯精制的各种单一维生素和混合多种维生素。富含维生素的自然饲草或饲料，如苜蓿、荨麻等，则不能划分为维生素饲料。维生素饲料主要有：

脂溶性维生素：包括维生素 A、维生素 D、维生素 E、维生素 K 这4 种。

水溶性维生素：B_1、B_2、B_3、B_5、吡哆素、生物素、叶酸、胆碱、维生素 C。

复合多种维生素：也叫维生素预混料，是各种维生素的混合物，是按照不同家畜的实际需要配制的，在畜牧业生产中使用非常方便。

8. 添加剂

添加剂是指各种用于强化饲养效果和有利于配合饲料生产和贮存的非营养性添加剂原料及其配制产品，如各种抗生素、防霉剂、抗氧化剂、黏结剂、着色剂、增味剂以及保健与代谢调节药物等。但实际生产中，往往把氨基酸、微量元素、维生素等也当作添加剂。

添加剂在配合饲料中通常所占的比例很小，但作用却是多方面的。如抑制消化道有害微生物繁殖，促进营养物质的消化、吸收；抗病、保健、驱虫，抗氧化等。但不包括以治疗为目的的大剂量加入的药物。

（四）优质饲草加工调制技术

农区和半农半牧区有得天独厚的饲料资源优势。但在目前情况下，由于饲养分散，规模小，许多农牧民不愿意在饲料加工调制、资源开发利用上下功夫，仅仅是靠天养羊，常常出现"夏肥、秋壮、冬瘦、春死"的不良后果。不仅造成大量的农作物副产物（如秸秆、豆秧、秕壳等）的浪费，也造成不小的经济损失。其实，这些饲料资源经过加工处理后可以成为良好的牛羊饲料，哪怕是用最简单的铡短、粉碎、浸泡等方式。所以，很有必要鼓励农牧民学习、使用饲料加工调制技术。下面就介绍 3 种常用技术——干草调制、青贮和秸秆加工技术。

1. 调制干草技术

（1）原理。青绿饲料水分含量高，细菌和霉菌容易生长繁殖使青饲料发生霉烂腐败，所以，在自然或人工条件下，使青绿饲料迅速脱水干燥，至水分含量降到15%左右时，所有细菌、霉菌均不能在其中生长繁殖，从而达到长期保存的目的。调制成干草，防止了有害微生物对青绿饲料含有的养分的分解，也防止了青绿饲料的霉败和变质。干草调制过程一般可分为两个阶段。

第一阶段，从饲草收割到水分降至40%左右。这个阶段的特点是：植物细胞还没有死亡，呼吸作用还在继续进行，此时养分的变化是分解作用大于同化作用。为了减少此阶段的养分损失，必须尽快使水分降至40%以下，促使细胞及早萎亡，这个阶段养分的损失量一般为5%～10%。

第二阶段，饲草水分从40%降至17%左右。这个阶段的特点是：饲草细胞的生理作用停止，多数细胞已经死亡，呼吸作用停止。此时，就可以堆垛或打捆运出地了。每次翻草、集堆、转运等都会造成1%的干物质损失，而损失掉的部分主要是营养价值高的叶片。草越干，损失越严重。豆科牧草比禾本科牧草的损失要大。

（2）干燥技术：

①自然晾晒。把新鲜割下的青草铺成薄层草条，在太阳下直接晒干。为了使青草的茎和枝叶同步干燥，最好刈割后把粗茎的青草轧揉裂，以利于水分散失。自然干草成本低，不用动用机具，但是，工作效率低、营养损失大。由于自然晒干速度慢，长时间的阳光暴晒，会使植物所含的胡萝卜素部分遭到氧化而破坏。但同时所含的麦角固醇却因阳光中紫外线照射而转化成维生素 D，成为牛羊冬季维生素 D 的重要来源。当晒制中正好遇到天下雨时，干草的叶片和营养损失增大。特别是晒制后期淋雨，干物质损失量可达10% 以上。堆垛干草淋雨，可能造成更大的损失。严重时，会造成干草腐烂发霉，不能饲用。

②阴干。在有棚架的场地，可以把收割的青草搭在草架上自然通风晾干。在这种情况下，因通风良好，不需要翻动，也没有地面吸潮，更不会遭到雨淋，所以，能够充分保存青草中的营养（表16）。尽管运输青草增加了劳动量和棚架设备投入，但可以完全避免青草嫩枝叶掉落及雨淋损失。阴干的干草，颜色青绿，气味清香，是进一步加工干草产品（草捆、草粉、草颗粒）的良好原料。

表16   不同方法制成干草的组成和营养价值

组成	鲜草	草架阴干	田间自然晾干
有机物质（%）	93.2	90.8	92.5
粗纤维（%）	26.9	32.4	36.2
粗蛋白（%）	12.8	12.1	9.9
可消化粗蛋白（%）	8.1	7.2	4.7
可消化有机物（%）	71.1	61.4	54.7
代谢能（兆焦/千克干物质）	10.7	9.2	8.2

③人工干燥。将青草刈割下在田间经过适当凋萎失去部分水分后，运回加工场所，通过管道系统对半干青草进行强制送热风，把剩余的水分带走，直到含水量达到安全为止。这比阴干能加快制备干草的速度，但是，能源、管道、通风设备的投入也更大些。另外，也有高温脱水成套设备，可以安装在固定场所，对运来的青草进行脱水加工。还有行走或牵引式机械化设备，可以直接开到草地里，同时进行收割、脱水干燥、粉碎、压制成型、包装等一体化干草加工程序。无论哪种高温脱水干草制备机器设备，都要求大量而

方便的能源供应。这种设备效率高、规模大，几乎没有营养损失，但是造价高，目前在我国很难推广，更不适合在牧区使用。

（3）干草产品加工技术：

①草捆的加工。草捆是干草最主要的加工方式。由打捆机将田间晾晒到含水率在 17% ~22% 的青草捡拾、压缩成长方形的小方草捆，打成的草捆密度一般 120 ~260 千克/立方米，每个草捆的重量 10 ~40 千克，草捆截面尺寸 30 厘米×45 厘米至 40 厘米×50 厘米，草捆长度 0.5 ~1.2 米。这样大小的草捆非常适合人工搬运、饲喂，在运输、贮藏及机械化处理等方面也很方便。草捆是最主要的草产品之一，既可在产区自用，也可作为商品出售，还可以深加工成高密度方草捆、干草粉、草颗粒等进行出口或供应国内市场。

加工草捆技术的关键，是牧草打捆时的含水率。通常干草在含水率为 17% ~22% 时打捆，打出的草捆密度 200 千克/立方米，形状良好且坚固，还能更多地保存营养。如果晒得太干，打捆时容易造成大量落叶损失，使干草质量下降，形成的草捆密度低，形状差，还易松散，而且捡拾效率也低。但如果青草湿度太高，打捆时压缩非常困难，湿草捆在贮存期间会变干、收缩，导致松散和变形或者发热和霉烂，降低牧草质量，甚至毒害家畜。

草捆最好的贮藏方法是堆垛。堆放位置应选择在较高的地方，同时靠近牧场，而且应采取防火、防鼠等措施。在条件较好的草棚或草仓中贮存，干草捆的干物质损失不会超过 1%。干草捆一般有后续干燥作用，在通风良好又能防风雨的贮藏条件下，存放 30 天左右，含水率可达到 12% ~14% 的安全存放水平。打好的草捆只有达到安全含水率时，才能堆垛贮藏。如果是露天堆放，可用帆布、聚乙烯塑料布等遮盖物或在草捆垛上面覆盖一层麦秸或干草，以便遮风挡雨。

堆垛最简单的形状是长方形。当加工的草捆较少时，最好垛成正方形，这样可减少贮藏期间的损耗。

②草粉的加工。干草粉是由干燥牧草粉碎后形成的粉状饲料，主要用于制作配合饲料。可供加工草粉的青草种类繁多，在我国几乎所有优良饲草均可加工成草粉，如，苜蓿、红豆草、草木樨、红三叶、白三叶、野豌豆、冰草、羊草、针茅等。

加工草粉的工艺流程一般是：牧草收割→干燥→粉碎。首先，牧草一定要适时收割，如豆科牧草最好在孕蕾——初花期收割，如果推迟牧草收割期，则由于蛋白质和胡萝卜素含量降低及维生素含量增加，将无法保证草粉达到必要的质量。人工干燥多在生产高标准优质草粉时使用。目前，我国自行研制的牧草高温、快速烘干加工机组，可将收获的优质豆科鲜草烘干，并加工出符合国际一级标准的草粉。

③草颗粒的加工。草颗粒是以草粉为原料，经制粒机压制后形成的颗粒状饲料。由于青草粉碎后形成的草粉，容重小、体积大、松散，占用的存放空间多，而且在空气湿度大、温度高的贮存环境中会很快霉变，因此常将草粉加工成颗粒状。草颗粒大大减少贮存期间的损失，而且相对于草粉，占据的贮存空间可减少2/3，同时饲喂时不易起粉尘，运输也更方便。

生产草颗粒的技术要求是产品形状、大小要均匀，具有不致破裂的硬度，表面光洁等。颗粒直径可根据供给对象而定，一般家畜体格越小，要求的颗粒也相应较小。颗粒长度稍大于直径，一般为直径的1.5~2倍。颗粒密度以1.2~1.3克/立方厘米为好。由于草粉纤维含量高，流动性差，摩擦系数大，成粒性能差，制粒时可加入5%左右的油脂或糖蜜，以提高黏结效果，从而使草颗粒成形良好，同时降低能耗。

④草块的加工。草块是由粉碎干草经压块机压制而成的方块状饲料。同草捆相比，由于草块不需要捆扎，装卸、贮藏、分发饲料时费用减少；又因草块密度及堆积容重较高，贮存空间比草捆少1/3，同时草块的饲喂损失比草捆低10%。因此，相对于草捆，草块在运输、贮存、饲喂等方面更具优越性。用优质牧草制成的草块，如苜蓿草块，极具商业价值，在美国等草产业发达国家作为商品出售。

草块的产品质量，可以通过控制草段的切碎长度实现。若要得到短纤维、较紧密的草块，可将干草切碎些；若要得到长纤维、松散些的草块，可将干草段切长些。生产压块饲料时，草块的密度、强度及营养价值高低，在很大程度上取决于所压制原料的含水率和温度。当压制含水率为12%以下的切碎干青草时，大部分草块会散碎。为了提高成块性，压块时常加入廉价的膨润土作为黏结剂，加入量为3%左右。

草块可以堆贮或装袋贮存，一般压制草块经冷却后含水率可降至14%以下，能够安全存放。

（4）干草质量评价方法：

①感官评价法。干草在感官上要求，颜色要接近本色。由优等到次级，颜色依次呈草绿色、暗绿色、灰绿色、黄绿色和黄色。优质青干草颜色较绿，一般绿色越深，其营养物质损失越少，所含的可溶性营养物质、胡萝卜素及其他维生素也越多。黄色或褐黑色的干草质量较差。在气味上，要有芳

香味，没有异味。优良的青干草一般都具有较浓郁的芳香味，这种香味能刺激家畜的食欲，增强适口性，如果有霉烂及焦灼的气味，说明品质低劣。形态基本一致，茎秆、叶片均匀一致，无霉变，无结块。在收获期上，质量随植株成熟度的增加而降低，尤其是刈割前后成熟度变化速度非常快，有可能收割期仅相差 2～3 天，质量之间就会产生显著差异。在叶量的多少上，叶片比茎秆含有更多的粗蛋白、糖类和淀粉，所以青干草的叶量越多，营养价值越高。另外，杂草含量较高，特别是含有有毒有害杂草时不仅会降低质量，还会影响牲畜健康，一般不宜饲喂。表 17 是豆科牧草干草的感官和物理质量分级标准，共有 4 个等级。感官等级评价，简单易行，适合农牧民使用。

表 17　豆科牧草干草质量感官和物理指标分级标准

指标	等级			
	特级	一级	二级	三级
色泽	草绿	灰绿	黄绿	黄
气味	芳香味	草味	淡草味	无味
收获期	现蕾期	开花期	结实初期	结实期
叶量（%）	50～60	49～30	29～20	19～6
杂草（%）	<3.0	<5.0	<8.0	<12.0
含水量（%）	15～16	17～18	19～20	21～22
异物（%）	0	<0.2	<0.4	<0.6

注：此标准来源于余鸣（2007）

②化学评价法。需要用检测设备测定干草中的化学成分。一般情况下生产者、经销商或消费者只需检测主要指标，包括干物质（DM）、粗蛋白（CP）、酸性洗涤纤维（ADF）和中性洗涤纤维（NDF）等。按照我国农业部发布的行业标准，也把豆科牧草干草质量分为特级、一级、二级和三级 4 个等级，具体如表 18 所示。

表 18　豆科牧草干草质量的化学指标分级标准

质量指标	等级			
	特级	一级	二级	三级
粗蛋白（%）	>19.0	>17.0	>14.0	>11.0

（续表）

质量指标	等级			
	特级	一级	二级	三级
中性洗涤纤维（%）	<40.0	<46.0	<53.0	<60.0
酸性洗涤纤维（%）	<31.0	<35.0	<40.0	<42.0
粗灰分（%）		<12.5		
胡萝卜素（毫克/千克）	≥100	≥80	≥50	≥50
注：各项指标都以86%干物质为基础计算				

注：此标准来源于余鸣（2007）

（5）饲喂技术。干草可以供牛羊自由采食。如果是直接饲喂没有经过切短、粉碎、揉碎等最简单加工处理的青干草，为了减少浪费，最好放在供草架上，分次投喂，每天投喂4~6次，多次少量。当年调制的青干草要和往年结余的青干草分别贮藏和使用，实行分畜种、分等级、定量饲喂。用草时先喂陈草，后喂新草；先取粗草，后取细草；陈草喂空怀母羊或后备羊，新草、细草喂羔羊和哺乳母羊。干草是一种低能量、高纤维饲料，需要和精饲料搭配饲喂。另外，豆科牧草含钙丰富，但磷含量变异很大。如果晒制不好，还缺少胡萝卜素、维生素D和B族维生素。所以，饲喂干草时，必须注意有效磷和维生素的补充。

对于草颗粒和草块：牛羊对同样质量的干草颗粒或草块的采食量高于长草或切短干草。因此，要特别注意饲喂量，不能一次饲喂太多。因为草颗粒的体积只有原料干草体积的1/4，羊只采食后对胃肠道的填充度不够，不像采食长草那样有饱腹感，往往吃饱了还会多吃，等草颗粒进入瘤胃后会涨大，引起涨肚，严重时造成羊只死亡。

2. 秸秆类饲料加工技术

在广大农区和半农半牧区，秸秆类饲料是牛羊的基本饲料。这类饲料数量、质量差，经过适当的加工处理，可以改变理化特性，提高适口性和饲用价值。一般，粉碎处理可将采食量提高7%；制粒可提高采食量37%；化学处理可提高采食量18%~45%，有机物消化率提高30%~50%。加工调制方法主要有物理加工、化学处理和生物学处理3类，如图31所示。

（1）物理加工。切短是最简单实用的低质粗饲料物理加工方法，自古农民就用铡刀切短长草后饲喂。切短后既容易采食，又减少抛撒浪费。针对

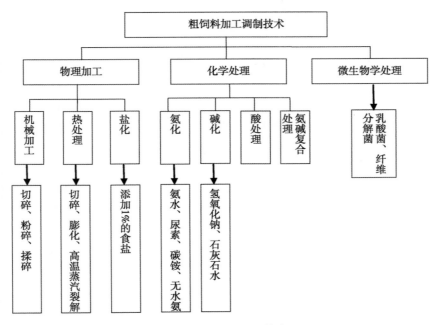

图31 粗饲料加工调制技术图

不同牲畜，切短的适宜长度分别为：羊 2 ~ 3 厘米，牛 3 ~ 5 厘米，马、驴、骡 2 ~ 3 厘米。粉碎可以提高秸秆的适口性和消化率，揉碎可以破坏纤维素—木质素的紧密结构，并将纤维素和半纤维素分解出来。

（2）化学处理。化学处理是指用氢氧化钠（化学式为 NaOH，俗称烧碱、火碱、苛性钠）、石灰、氨、尿素等碱性物质处理，可以打开纤维素和半纤维素与木质素之间的酯键，使它们更易被瘤胃微生物消化，从而提高消化率。

氢氧化钠处理：将秸秆放在盛有 1.5% 氢氧化钠溶液的池内，浸泡 24 小时，然后用水反复冲洗至中性，湿喂或晾干后喂牛羊，有机物消化率可提高 25%。此法用水量大，容易污染环境。为了减少污染，可以用干法处理。用占秸秆重量 4% ~ 5% 的氢氧化钠，配制成 30% ~ 40% 的溶液，喷洒在粉碎的秸秆上，堆放数日，不经冲洗直接饲喂，有机物消化率可提高 12% ~ 20%。

石灰水处理：每吨秸秆，需 30 千克生石灰，加清水 2 ~ 3 吨，将石灰乳均匀喷洒在粉碎的秸秆上，在水泥地面上堆放 1 ~ 2 天后，可直接饲喂牲畜。

此法成本低，生石灰来源广，简单易行，效果明显。

氨化处理：将小麦秸和稻草铡成 2 ~ 3 厘米，玉米秸铡成 1 厘米，用尿素氨化，每吨需尿素 40 ~ 50 千克，溶于 400 ~ 500 千克清水中，分批装入氨化池。此法能改善秸秆质地变松软，大大提高适口性和采食量，还能将秸秆的粗蛋白含量提高 100% ~ 150%，纤维素含量降低 10%，有机物消化率提高 20%。由于秸秆类饲料的蛋白质含量低，有机物与氨发生氨解反应，形成铵盐，可以成为瘤胃微生物生长的氮源。另外，通过处理过程中的碱化作用，可以打断木质素与半纤维素之间的酯键，使 60% ~ 80% 的木质素溶于碱中，从而释放出镶嵌在木质素—半纤维素复合物中的纤维素，为牛羊瘤胃发酵提供纤维来源。同时，碱类物质还能溶解半纤维素，使有机物消化率提高 30% ~ 50%。为了同时提高秸秆类饲料的营养价值和有机物质消化率，可以把氨化与碱化 2 种方法结合起来利用。

3. 青贮技术

（1）原理。青贮过程的实质是将新鲜牧草紧实地堆积在不透气的青贮窖或青贮塔中，通过微生物（主要是乳酸菌）的厌氧发酵，使原料中所含的糖变成有机酸（主要是乳酸），来提高酸度。当酸碱度（pH 值）降到 pH 值为 4.2 左右时就能抑制微生物的活动，防止原料中的养分继续被微生物分解或消耗，从而能很好地将原料中的养分保存下来。所以，有人把青贮料中的乳酸看成防腐剂。也有人直接加入各种酸来创造酸性环境，阻止微生物的活动，使保存过程中的养分损失减少到最小。

（2）制作流程。调制青贮饲料要做到"六随三要"，也就是：随收、随运、随铡、随装、随踏、随封，要铡短、要压紧、要封严。制作流程分 5 步，即，刈割→切碎→装填→压实→密封。

（3）技术要领：

①适时收割。青贮原料要适时收割，以获得最多营养物质为目的。收割过早，原料含水多，可消化营养物质少；收割过晚，纤维素含量增加，适口性差，消化率降低。一般，豆科牧草在现蕾至开花初期刈割青贮，禾本科牧草在孕穗至刚抽穗时刈割青贮，甘薯藤和马铃薯茎叶等一般在收薯前 1 ~ 2 天或霜前收割青贮。

②厌氧环境。由于乳酸菌的生长繁殖需要在无氧环境中进行，所以在青贮过程中一定要及早创造无氧环境。为了快速达到厌氧条件，在整个操作过程中采取的措施有切短压紧、快速填装、迅速密封。通常，待青贮牧草要切

成 2 ~ 3 厘米左右的短截，采用逐层踏实的办法。装窖，越快越好。如果延长装窖时间，会造成营养物质损失，使青贮品质降低。装料时，原料高出地面 1 米左右。窖装满后立即用塑料薄膜覆盖，马上压土封窖。封窖一般分 2 次进行，第一次在窖装满后立即进行，第二次隔 5 ~ 7 天再进行。两次压土不宜少于 30 厘米，且必须高出四周地面，防止雨水灌入。贮后前 20 天，由于青贮料逐渐下沉，需要每隔 3 ~ 5 天在上面添加新土，并压实土层。青贮窖四周应留有排水沟。

③原料中的糖分。青贮原料中必须含有一定数量的糖，一般不能低于鲜重的 1% ~ 1.5%。糖是乳酸菌发酵产生乳酸的必需原料，只有足够数量的糖，才能保证成功青贮。如果原料中的可溶性糖含量很少，即使其他条件都具备，也不能调制出优质青贮料，例如，苜蓿、荨麻草。在实际生产中，为了提高那些不易青贮或难青贮原料的青贮成功率或优质率，可以添加蔗糖、糖蜜，也可以与糖含量高的饲料（如玉米、玉米秸等）混合青贮，还可以使用市场上销售的青贮添加剂。

④适宜的水分。青贮原料适宜的含水量是保证乳酸菌繁殖的重要条件。一般要求是 65% ~ 75% 为好，有些质地粗硬原料的含水量以 78% ~ 80% 为好，豆科牧草含水量以 60% ~ 70% 为好，幼嫩、多汁、柔软的原料含水量以 60% 为好。如果水分不足，青贮原料不容易压紧、压实，残留空气多，容易引起发霉变质。如果水分过高，青贮压实过程中汁液容易流失，造成可溶性营养物质随汁液流失，导致青贮饲料腐臭、变烂。因此，在青贮时一定要掌握好原料的含水量。

（4）水分控制方法。水分过多的原料，如甘薯、南瓜、苋菜、水生植物等应稍加晾干后再青贮，一般幼嫩牧草或杂草收割后可晾晒 3 ~ 4 小时（南方）或 1 ~ 2 小时（北方）。或加入小麦秸、玉米秸等干物料混贮，以达到青贮发酵对原料水分的要求。

干物料添加量计算公式：

$$每 100 千克青贮原料应加干物料重量（千克） =$$
$$\frac{原料实际含水量 - 理想含水量}{理想含水量 - 所加干物料含水量} \times 100$$

（5）青贮容器。制作青贮料的容器，种类很多，主要有青贮窖和青贮塔。青贮窖适用于普通养殖户，建造简单，成本低。青贮塔一般在大型农牧场使用，造价高，但使用过程中对原料的损失较少。现在，随着科学技术的不断进步，出现了一些高科技材料青贮容器，如聚氯乙烯塑料袋、拉伸膜裹包等。

①青贮塔。青贮塔分全塔式和半塔式 2 种。一般为圆筒形，直径 3～6 米，高 10～15 米。可青贮水分含量在 40%～80% 的原料。装填原料时，较干的原料在下面。青贮塔由于取料出口小，深度大，青贮原料的自重压实程度大，空气含量少，所以贮存质量很好。但造价高，仅在大型牧场采用。

②青贮窖。青贮窖是最常见的青贮容器，有地下式、半地下式 2 种，地下式用的较多。通常，深 3.5～7 米，宽 4.5～6 米，内壁要平直，内壁角要圆滑，有利于原料下沉、压实。要有一定的深度，宽：深为 1：1.5 或 1：2，深一般 2.5～3 米，宽度要小于深度。内壁池用水泥，青贮时最好衬一层塑料薄膜。一个宽 2 米、深 3 米的青贮窖，一般可青贮 5 吨左右的原料。青贮窖的长度，要根据原料的种类及每立方米的容重计算。表 19 列举了一些青贮原料的容重，供计算青贮窖体积时参考。

表 19　几种青贮原料的容重

青贮原料	容量（千克/每立方米）
青贮玉米	500～550
玉米秸	450～500
牧草	600
萝卜叶、芜菁叶、苦荬菜	610
根茎类、菜叶类	800
甘薯藤类	700～750

③塑料袋。用塑料袋调制青贮，省力省钱、操作简便，不受地点限制，制作数量可多可少，适合广大农牧区使用。要求：塑料膜无毒、抗热、冬季不硬，有弹性，经久耐用。一般每个袋子长 100～200 厘米，宽 80～100 厘米，厚 0.8～1.0 毫米或 0.6～0.8 毫米，用料（薄膜）250～300 克。将青贮原料铡短到 3～5 厘米，装入袋内，压紧压实（尤其边角），装满后扎紧袋口，竖直摆放（图 32）。一般每袋可装料 200～300 千克，不宜过多，否则袋子被压破，破坏青贮品质。塑料袋青贮 1 个月后可饲喂。农牧户青贮可因陋就简，装饲料或化肥的干净袋子、无毒的农用乙烯薄膜袋都可以，漏气的袋子用胶带黏合后可以使用或者把 2 个袋子套起来使用。内层为乙烯薄膜袋，外层为化肥袋。塑料袋以不透光或者半透光为好，通常为黑色或黑白 2 色（外白里黑）。市场上销售的专用青贮袋，强度高，不易老化，可多次重

复使用。

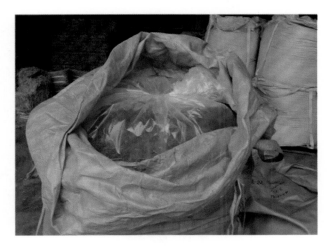

图 32　塑料袋青贮

④拉伸膜裹包。青贮专用塑料拉伸膜，是一种很薄的有黏性的塑料拉伸回缩膜，是专为裹包青贮草捆研制的。青贮时把它放在裹包机上自动裹包草捆，裹包的草捆坚实而紧密，能够防止外界空气和水分的进入（图 33）。拉伸膜裹包青贮在世界范围内广泛使用，我国从 1995 年以来先后在内蒙古、河南、青海、安徽、广东、北京、上海等省区市使用，主要用于青贮苜蓿。与传统的窖式青贮相比，拉伸膜裹包青贮具有保存质量高、营养损失小，效率高，保存时间长，灵活方便、占地面积少，不污染环境等优点。但拉伸膜裹包青贮必须要有配套机具。

⑤地面青贮。为了节省劳动力，减少动用设备的麻烦和投入，现在开始流行地面堆贮。选择干燥、利水、平坦、地表坚实，并带倾斜的地面，将青贮原料堆放、压实后，再用较厚的黑色塑料膜封严，上面覆盖一层杂草，再盖上 20～30 厘米厚的一层土，四周挖出排水沟排水。较大型的牧场用汽车废轮胎封压在青贮黑白膜上面，密闭条件好，青贮质量高。图 34 是安徽蚌埠秋实草业制作的苜蓿堆贮。地面堆贮简单易学，成本低，但应注意防止家畜进入，一旦踩破塑料膜，漏气进水，会破坏青贮质量。

（6）青贮料品质鉴定。评价青贮饲料的方法有感官鉴定、实验室鉴定和综合鉴定 3 种。其中，感官鉴定简单易行，适合广大农牧民使用。主要是通过眼睛看、鼻子嗅和手摸，依据青贮料的颜色、气味和质地来判断青贮饲

图 33　裹包青贮

图 34　地面青贮

料的好坏。

　　①颜色。青贮饲料颜色越接近原料本色，品质越好。新鲜牧草调制成的

青贮饲料，颜色多为绿色或黄绿色。农副产品或收获较晚的作物秸秆等颜色发黄的原料，调制成的青贮饲料多为黄色。一般情况下，颜色是绿色或黄绿色的为优等，黄褐色或暗绿色的为中等，褐色或墨褐色的为劣等。

②气味。品质优良的青贮饲料，通常具有水果甜香味和淡淡的酸味，类似于刚切开的面包味。有些青贮饲料像新鲜酒糟的气味，给人清香舒适的感觉。不良的青贮饲料，酒香味减少或没有酒香味。如果青贮饲料散发出臭味或刺激性气味（如霉味等），说明这种青贮饲料品质低劣。青贮饲料气味评级方法，如表20所示。

表20　青贮饲料气味评级

气味	质量等级	饲喂价值
具有酸香味，略有纯酒味，给人舒适的感觉	品质良好	可饲喂牛、羊等各种家畜
香味极淡或没有，具有强烈的醋酸味	品质中等	不能喂怀孕母羊、羔羊和马
具有特殊臭味，腐败发霉	品质低劣	不能喂各种家畜

注：资料来源于胡坚（2002）

③质地。品质好的青贮饲料在窖里压的非常紧实，但拿到手里却是松散柔软，略带潮湿，不黏手，茎、叶、花仍能辨认清楚。相反，如果青贮饲料黏成一团，发黏，好像一块污泥，分不清原来有的结构或过于干硬，或者质地松散而干燥，都是劣等青贮饲料。在实际生产中，通常是将青贮饲料的颜色、气味和质地结合起来，综合鉴定青贮品质。具体评判方法，如表21所示。

表21　青贮饲料感官鉴定

质量等级	颜色	气味	质地
上等	绿色或黄绿色	酸香味较浓	柔软稍湿润
中等	黄褐色或黑绿色	酸味中等或较浅，稍有酒味	柔软稍干或水分稍多
下等	黑色或褐色	臭味	干燥松散和黏结成块

注：资料来源于胡坚（2002）

（7）青贮料的取用。青贮饲料封窖40～60天就能开窖饲喂。开窖时间以冬春季为好，此时气温较低，利于开窖保存，同时此时正值饲草青黄不接，可以为牲畜补充优质饲草。开窖前应清除封窖时的盖土，以防与青贮料混杂。要求分段开窖，切勿全面打开，防暴晒、雨淋和结冻，取后封严。取用时，从上到下，垂直，逐层取草。每天取草厚度应不小于10厘米，上层有霉烂时及时清除。严禁掏洞取草，用多少取多少。应注意鉴定品质，如果发现变质腐败，切勿饲喂，以防羊只中毒。如果中途停喂、间隔较长，必须按原来封窖方法将青贮窖盖好封严。

（8）饲喂。青贮饲料带有酸味，在开始喂饲时，羊可能不愿意吃，但是只要经过短期的训练，完全可以适应。训练的方法是，先空腹饲喂青贮料，再喂其他草料；或先将青贮料拌入精料中喂，再饲喂其他草料。冬天饲喂青贮料，容易冻结，应融化后再喂。

饲喂时，当天现喂现取，饲喂量应该由少到多，逐渐增加，以青贮料干物质采食量不超过日粮总干物质的15%～20%为好。由于青贮饲料有轻泻作用，所以，怀孕母羊不宜喂过多，以防流产。一般，成年羊每只每天5～8千克，羔羊每只每天0.5～1.0千克。发霉变质青贮料不能饲喂任何牲畜，应及时处理掉。

（五）日粮配制技术

在天然饲料和工农业副产物中可以单独满足绵羊营养需要的物质种类极少，严格的说几乎是不存在的。在放牧饲养情况下，绵羊的生产水平不高，而且草原能给它们提供广泛的自我调节条件，绵羊可以通过觅食进行营养物质摄取的自我调控。在这种情况下，对绵羊补饲的营养物质种类、数量问题并不突出。但是，在全舍饲条件下，全封闭管理使绵羊基本上处于和自然环境隔绝的条件下，所需要的营养物质完全取自于养殖户所提供的饲草料，所以全价营养供应问题日益突出。加上育种技术的不断进步，大大提高了绵羊的生产性能，也使绵羊对营养物质均衡供应的要求更加苛刻。因此，对于舍饲饲养，必须重视日粮搭配，避免单一饲喂，要全面满足绵羊在不同生产用途时对各种营养物质的要求，保证高效生产。

1. 什么是日粮、饲粮、饲料配方

日粮（Ration），是指一头动物为满足一昼夜所需要的各种营养物质而采食的各种饲料的总量。在实际生产中，除了种公羊保留个体单独日粮饲养外，通常都采用群饲。特别是集约化养羊业，为了便于饲料生产工业化及饲养管理操作机械化，常常按照群体中"典型绵羊"的具体营养物质需要量

配合日粮，配成日粮中的各种原料是百分含量。这种按照百分比配合成的混合饲料叫作饲粮（Diet），与日粮密切相关，但又有区别。依照营养需要量所配制的饲粮中各种饲料原料组分的百分比构成，就叫作饲料配方。

2. 日粮配合的原则

（1）合理选择饲养标准。日粮是为了满足绵羊全面营养需要，所以配合时，首先必须以绵羊的营养需要或者饲养标准为基础，再结合具体实践中的生产反应，对标准给量进行适当的调整，灵活使用饲养标准。

（2）必须考虑所用饲料的适口性。配合日粮时，尽可能选用适口性好的饲料，对营养价值较高但适口性很差的饲料，必须限制用量，以便使整个日粮具有良好的适口性，霉变饲料严禁使用。

（3）必须符合羊的消化生理特点。配合日粮时，所选择的不同种类饲料原料应符合羊的消化生理特点，羊比较耐粗饲，日粮中可选用粗纤维含量高的饲料。

（4）选用饲料原料要经济合理。在能满足羊营养需要的前提下，要尽量降低饲料费用，选用营养丰富而价格低廉的原料进行配合。为此，应充分利用本地的饲料资源。

（5）注重质量和喂量。日粮除满足各种养分的需要外，还应注意干物质给量。也就是说，日粮要有一定的容积，应使羊既能吃得下、吃得饱，又能满足营养需要。

（6）日粮要求饲料多样化。尽可能多选用几种原料，以求发挥多种饲料养分的互补作用，提高饲料的营养价值和利用率。

3. 配合日粮时必须掌握的参数

（1）羊的营养需要量。营养需要量，又叫饲养标准，是指依据动物的种类、性别、年龄、体重、生理状态、生产目的与生产水平，用生产实践中积累的经验结合科学试验结果，对各种动物每天应供给的各种营养物质的量作出的规定，称为饲养标准。饲养标准是专业部门已经规定好的，有美国国家研究委员会（NRC）制定的、英国农业研究委员会（ARC）制定的、也有国内畜牧业生产部门制定的，在一般牛羊等牲畜养殖书籍中都有介绍。在实际配合日粮时，可以按照自己的生产要求参考这些饲养标准，但是，不能完全照搬，应根据实际生产情况进行适当的调整。

（2）所用饲料的营养物质含量。除了前面介绍的几种饲料的营养成分外，配合日粮时可以参考中国农业科学院北京畜牧兽医研究所《中国饲料成分及营养价值表》数据库中提供的数据（网址：http：//www. chinafeed-data. org. cn），查找所选用的各种饲料的营养成分。如果有条件，也可以找有检测设备的学校、研究院所或企业等部门进行实际测定。

（3）饲料原料的价格。配方前，必须了解各种饲料原料的市价，这是配制经济、实用配方的前提条件。如果某一种想要用的饲料在当地的售价比较高，可以用营养价值与其相当的饲料替代，以降低饲养成本。

4. 配合日粮的方法

以配合在舍饲条件下饲养的 1 岁左右的高山细毛羊日粮为例，做具体说明。

（1）明确目标：

条件：1 岁左右高山细毛羊；现有饲料有玉米、大豆粕、小麦麸、苜蓿草颗粒、红豆草、玉米秸、小麦秸、磷酸氢钙、食盐和预混料。

目标：日增重 50 克，饲料配方成本低。

（2）查羊的饲养标准：

查得日增重 50 克的 1 岁羊对各种营养物质的需要量，如表 22 所示。

表22　日增重50克1岁羊的营养需要量

消化能（兆焦/千克）	粗蛋白（%）	粗纤维（%）	钙（%）	磷（%）
10.92	10.24	18.45	0.43	0.22

（3）选择饲料原料。根据饲养地获取不同饲料的方便情况，选择当地容易买到的、价格合理的饲料原料。现用的各种饲料的营养成分含量如表 23 所示。此外，还有食盐和微量元素添加剂预混料。

表23　所用饲料的营养成分含量

原料	干物质（%）	粗蛋白（%）	消化能（兆焦/千克）	钙（%）	总磷（%）
陈玉米	86.44	8.30	15.40	0.03	0.14
大豆粕	89.30	45.46	14.27	0.21	0.49
小麦麸	88.88	16.38	12.18	0.13	0.58

（续表）

原料	干物质（%）	粗蛋白（%）	消化能(兆焦/千克)	钙（%）	总磷（%）
苜蓿颗粒	90.65	18.63	10.17	1.58	0.52
玉米秸	91.05	5.60	8.62	0.58	0.07
小麦秸	92.45	3.65	5.73	0.38	0.10
食盐	100	/	/	/	/
添加剂	100	/	/	/	/

（4）根据饲料原料的具体情况，确定部分饲料的给量。由于豆粕价格较高，首先将它的给量定为2%左右。而小麦麸纤维含量高，而且有轻泻作用，所以应少用，给量可以定为13%左右。

（5）饲料配方。将以上三步所获得的信息综合处理，形成配方配制日粮（表24）。配制时可以用手工计算，也可以用计算机 Excel 表格计算，或者采用专门的计算机优化配方软件。

表24　日粮配方　　　　　　　　　　　　（%）

原料	配方1	配方2	配方3
陈玉米	29	29	28
大豆粕	2	2.25	2.7
小麦麸	13.35	13.15	13.7
苜蓿颗粒	15	7.95	0
红豆草	0	9	18
玉米秸	25	24	23.7
小麦秸	15	14	13
磷酸氢钙	0	0	0.25
食盐	0.5	0.5	0.5
添加剂预混料	0.15	0.15	0.15
总计	100	100	100

（6）配方质量评价。饲料配方配制出来以后，要进一步清楚配制的日粮质量情况，必须取样进行化学分析，并将分析结果和预期值进行对比。配方产品的实际饲养效果是评价配方质量的最好方法。

（六）饲养管理技术

1. 饲喂时间

（1）合理饲喂次数。如果是采用自动饲槽，可每天加料1次，只要保证料槽不空就可以。不是自动饲槽，每天应饲喂3～4次，分别在早、中、晚饲喂。每次饲喂结束后，让羊到运动场休息。

（2）供给充足的饮水。舍饲饲养时（特别是育肥期肉羊）饮水是很重要的环节，一般每天每只羊的饮水量为3～5升。冬季天冷时应饮用温水，夏季应该增加饮水量。

（3）补盐。补盐可明显促进绵羊的食欲，提高增重效果。一般每天每只羊应喂5～10克食盐。可将食盐单独放在饲槽内，让羊舔食，也可混在精料或饮水中。现在，自由舔舐盐砖更为普遍。

2. 饲养管理程序

（1）实行全进全出制。舍饲羊群必须实行全进全出制，这不仅有利于羊场的管理，也可在一定程度上防止羊群发生传染病，提高生产效率。

（2）注意卫生，保持干燥。羊喜欢吃干净的饲草料、饮清凉卫生的水，不喜欢被污染或有异味的饲草料和饮水。因此，在饲喂时，应"少量多次，少喂勤添"。一次给草过多，会因践踏或粪尿污染而浪费。即使有草架，如果投草过多，羊在采食时呼出的气体使草受潮，也会被白白浪费掉。

羊群经常活动的场所，应选干燥、通风、向阳的地方。如果羊圈潮湿、闷热，寄生虫容易孳生，容易导致羊群发病，也使毛质降低，脱毛加重，腐蹄病增多。

（3）保持环境安静。绵羊比较胆小，容易受到惊吓，缺乏自卫能力。舍饲羊群受到惊扰时，四处乱窜，处在应激状态，不利于增重。如果羊场的参观人员增多，往往会造成传染病的发生。所以羊只舍饲时，必须保持周围环境安静，避免生人进出羊舍。

（4）防暑防寒。绵羊夏季防暑很重要。因为绵羊汗腺不发达，散热性能差，一般认为羊对于炎热和寒冷都具有较好的耐受能力，那是因为羊毛具有绝热作用，既能阻止体热散发，又能阻止太阳辐射迅速传到皮肤，也能防御寒冷空气的侵袭。在炎热的夏季，绵羊常有停止采食、喘气和"扎窝子"等现象，应注意避光避热。秋后羊只膘肥体壮，皮下脂肪增多，羊皮增厚，羊毛长而密，能减少体热散发和阻止寒冷空气的影响。但在冬季，当环境温度低于3℃，应该注意挡风保暖。

（5）适当运动，增强体质。舍饲羊（包括肥育羊）应该进行适当的运动，这可在一定程度上促进机体的代谢机能，增强食欲，加快增重，还有利于改善羊肉品质。因此，舍饲养羊要有足够的畜舍面积和运动场，供羊自由进出，自由活动。

（七）育肥技术

1. 前期准备工作

育肥开始之前，首先，要进行圈舍消毒，所有羊舍、栏杆、喂料饮水器皿都要进行彻底消毒。其次，对育肥羊进行剪毛、驱虫、药浴、预防接种。具体方法在第六部分内容"绵羊疾病预防和治疗技术"中有详细的介绍。

2. 日粮配制

应根据育肥羊的品种类型、年龄、体重、膘情和增重计划等，选择合适的饲养标准。然后根据饲养标准配置日粮。相关术语的定义和配制方法在本节"日粮配制技术"中有详细地介绍。育肥日粮的组成，同样应该就地取材，原料要多样化。精料用量可以占到日粮的45%～60%。

3. 饲养管理

对于育肥羊的饲养管理和其他羊的基本一致，可以参照前文"饲养管理技术"进行。

四

绵羊高效繁育技术

高效繁育对养羊业非常重要，直接关系羊业发展和养殖户的经济收入问题。在实际生产中，为了提高母羊的繁殖力，缩短产羔周期，提高羔羊初生重，必须掌握羊的繁殖特性和规律，了解影响繁殖的各种因素，正确选择羊只的初配年龄，合理安排配种计划。随着科学技术的不断发展，在养羊业中利用人工授精、同期发情和产羔时间控制、早期妊娠诊断等先进技术，可以最大限度地提高种羊的利用价值和养殖效益。

（一） 繁殖特性与规律

1. 性成熟

性成熟，也叫初情期到来，是指性器官发育完全，开始产生精子或卵子，并能完成交配和受精功能，第一次出现发情征兆。简单的说，就是绵羊开始具备交配和繁殖功能时，即为性成熟。绵羊的性成熟期因品种和分布地区的不同而略有差异：早熟的肉用羊比晚熟的毛用羊性成熟的早；温暖地区的羊较寒冷地区的要早，饲养管理条件好的羊比饲养管理条件差的要早。一般，5~8 月龄时公羊可以产生精子，母羊可以产生成熟的卵子。

一般来说，性成熟后就能配种繁殖后代，但此时它们自身的生长发育尚未成熟，体重仅为成年羊的 40%~60%，因而性成熟期并不是配种的适宜年龄。母羔配种过早，不仅会严重阻碍自身的生长发育，还会影响后代的生产性能。公羔 6~7 月龄就能排出成熟精子，达到性成熟，但精液量少，畸形精子和未成熟精子多，不能用于配种。所以，绵羊的初配年龄应该是在

1.5 岁，此时体重和体格可以达到成年羊的 65% 以上。有些牧户在母羊刚满周岁，甚至更小就开始配种下羔，这种繁育方法是错误的。特别是在草场或饲养条件较差的地区，初配年龄更要推迟到 2～3 岁。

2. 初情期

母羊幼龄时期卵巢及性器官都没有发育完全，卵巢内的卵泡在发育过程中多数处于萎缩闭锁状态。随着生长发育，脑垂体分泌促性腺激素逐渐增多，同时卵巢对促性腺激素敏感度也增大，卵泡开始发育成熟，随即出现排卵和发情征兆。母羊第一次出现发情征兆，即为初情期的到来。此时虽然母羊有发情征兆，但往往发情周期不正常，生殖器官仍在继续生长发育，所以此时不宜配种。一般绵羊的初情期为 4～8 月龄。某些早熟品种，如小尾寒羊为 4～5 月龄，山羊为 4～6 月龄。山羊的性成熟比绵羊略早，如青山羊的初情期为（108±18）日龄，马头山羊为（154±17）日龄。

3. 母羊的发情期与发情周期

（1）发情。发情是母羊达到性成熟后，表现出的一种具有周期性的生理现象。母羊发情时，一般愿意接受公羊接近或爬跨。处女羊的发情征兆不太明显，有的甚至拒绝公羊爬跨，但一般只要主动接近公羊，并紧跟在公羊后面，便可认定为发情。有些母羊发情时见到公羊则后腿分开，并摆动尾部。有些母羊发情时食欲减退，采食量很少，咩叫不停。母羊发情时生殖器官发生一系列变化，如外阴部充血肿胀、柔软而松弛、阴道黏膜充血发红、子宫颈开放、子宫蠕动增多等。发情初期阴道分泌少量呈透明或稀薄乳白色的分泌物，中期黏液较多，后期分泌物较黏稠。

（2）发情持续期。从母羊发情开始到结束的持续时间，称为发情持续期。绵羊发情持续期平均为 30 小时，山羊平均为 40 小时。母羊排卵一般在发情开始后 12～24 小时，所以发情后 12 小时左右配种最好。发情持续期受品种、年龄、繁殖季节等因素的影响。毛用羊比肉用羊的发情持续期要长。羔羊初情期的发情持续期最短，1.5 岁后较长，成年母羊最长。繁殖季节初期和末期的发情持续期短，中期较长。公、母羊混群母羊比单独组群母羊的发情持续期要短，且发情整齐一致。

（3）发情周期。母羊在发情期内，若未经交配或交配后未受孕时，经过一定时期还会再次出现发情的现象。由上次发情开始到下次发情开始的间隔时间，称为发情周期。

绵羊的发情周期平均为 17 天（14～21 天），山羊平均为 21 天（18～24 天）。发情周期因品种、年龄及营养状况的不同而有差别。奶山羊的发情周期长，青山羊的短；处女羊、老龄羊的长，壮年羊的短；营养差的羊长，而营养好的羊短。

4. 发情鉴定

通过发情鉴定，确定适应的配种时间，可提高母羊的受胎率。鉴定母羊发情主要有以下几种方法：

（1）外观观察法。母羊发情时表现出：不安，目光滞钝，食欲减退，咩叫，外阴部红肿，流黏液，发情初期黏液透明，发情中期黏液呈牵丝状、量多，末期黏液呈胶状。发情母羊被公羊追逐或爬跨时，往往叉开后腿站立不动，接受交配。处女羊发情不明显，要认真观察，不要错过配种时机。

（2）试情公羊鉴定法。试情公羊，也就是用来发现发情母羊的公羊。要选择身体健壮，性欲旺盛，没有疾病，年龄 2～5 岁，生产性能较好的公羊。试情应在每天清晨进行。试情公羊进入母羊群后，用鼻子嗅母羊，或用蹄子挑逗母羊，甚至爬跨到母羊背上，如果母羊不动，不拒绝，或伸开后腿排尿，这样的母羊即为发情羊。发情羊应从羊群中挑出，做上记号。对于初配母羊，对公羊有畏惧心理，当试情公羊追逐时，不像成年发情母羊主动接近，但只要试情公羊紧跟其后的，即为发情羊。试情时公、母羊比例以 2：100～3：100 为好。

为避免试情公羊偷配母羊，对试情公羊可拴系试情布，布长 40 厘米，宽 35 厘米，四角系上带子，当试情时拴在试情公羊腹下，使它不能直接交配。除此之外，也可采用输精管结扎或阴茎移位手术。试情公羊应单独喂养，加强饲养管理，远离母羊群，防止偷配。对试情公羊每隔 1 周应本交配或排精 1 次，以刺激性欲。

（3）阴道检查法。这是一种通过观察阴道黏膜、分泌物和子宫颈口的变化来判断是否发情的方法。进行阴道检查时先将母羊保定好，外阴部冲洗干净。开腟器清洗、消毒、烘干，涂上灭菌润滑剂或用生理盐水浸湿。检查人员将开腟器前端闭合，慢慢插入阴道后，轻轻打开，通过反光镜或手电筒光线检查阴道变化。发情母羊的阴道黏膜充血，表面光亮湿润，有透明黏液流出，子宫颈口充血、松弛、开张，有黏液流出。检查完毕后，稍微合拢开腟器，抽出。

5. 影响羊繁殖的因素

一般来说，母羊为季节性多次发情动物，每年秋季随着光照从长变短，便进入了繁殖季节。我国牧区、山区的羊多为季节性多次发情类型，而某些农区的羊，如湖羊、小尾寒羊等，因经过长期的舍饲驯养，往往可以常年发情，或存在春秋 2 个繁殖季节。同时，羊的繁殖因不同季节光照时间、温度、饲料供应等情况的不同而不同。

（1）光照。光照长短变化明显影响羊的性活动。在高海拔和高纬度地区（如青藏高原），由于全年昼夜时间长短比较恒定，所以，该地区羊的性活动受光照时间的影响不大。但是在内地，光照时间常常因为季节不同而发生周期性的变化，羊的繁殖季节与光照时间的长短密切相关。

几乎所有品种羊的繁殖季节都是在秋分至春分之间，而繁殖季节的中期是在一天中光照时间最短的时期。在一年之中，羊繁殖季节开始于秋分光照由长变短时期，结束于春分光照由短变长时期。逐渐缩短光照时间，可以促进繁殖季节的开始。因此，羊被认为是短日照繁殖动物。

（2）温度。因为一般而言光照长短和温度高低是相平衡的，所以，温度对羊的繁殖季节也有影响，但在羊繁殖中所起的作用要次于光照。

（3）饲料。饲料充足、营养水平高时，母羊的繁殖季节可以适当提早，情况相反时就会推迟。在繁殖季节来临之前，采取加强营养措施，进行催情补饲，不仅能提前繁殖季节，还能增加双羔率。如果长期饲料不佳，营养不良，母羊进入繁殖季节推迟而结束的早，也就是缩短了繁殖季节。因此，养殖户必须重视繁殖母羊的饲料供应及营养条件。

（二）配种计划

通常，羊的配种计划根据各地区、各羊场每年的产羔次数和时间来安排。在 1 年 1 产的情况下，有冬季产羔和春季产羔 2 种。产冬羔时间在 1～2 月，需要在 8～9 月配种；产春羔时间在 4～5 月，需要在 11～12 月配种。

1. 冬季产羔

一般，产冬羔的母羊要求在配种时期的膘情较好，这对提高产羔率有好处。同时，如果母羊妊娠期营养供给充足的话，羔羊的初生重比较大，羔羊存活率也高。冬羔青草期利用比较长，有利于抓膘。但产冬羔需要有足够的保温产房和饲草料贮备，否则母羊容易缺奶，影响羔羊的正常生长发育。

2. 春季产羔

在春季产羔，气候比较暖和，不需要保暖产房。母羊产后很快就能吃到青草，奶水充足，而且羔羊出生不久也可以吃到嫩青草，有利于生长发育。但是，产春羔的缺点是母羊妊娠后期膘情最差，胎儿生长发育受到限制，羔羊初生重比较小。同时，羔羊断奶后青草期利用比较短，不利于抓膘育肥。

3. 一年两产

随着现代繁殖技术的不断进步，密集型产羔技术越来越多的被各大羊场应用。在 2 年 3 产的情况下，第一年 5 月配种，10 月产羔；第二年 1 月配种，6 月产羔；9 月配种，来年 2 月产羔。在 1 年 2 产的情况下，第一年 10 月配种，第二年 3 月产羔；4 月配种，9 月产羔。

（三）配种时间和方法

一般，早晨发情的母羊傍晚配种，下午或傍晚发情的母羊第二天早晨配种。为确保受胎，最好在第一次交配后，间隔 12 小时左右再交配一次。

羊的配种方法主要有 3 种：自由交配、人工辅助交配和人工授精。前 2 种属于自然交配法，也叫本交，是目前农牧区养羊户最常用的方法。

1. 自由交配

自由交配是最简单，也是最原始的交配方式。配种时，把挑选好的种公羊放入母羊群中，让公羊自行和发情母羊交配。这种方法简单易行，节省劳力，适合小型分散的养殖户。

缺点是：

（1）由于 1 只种公羊只能配 20 ～ 30 只母羊，所以不能充分发挥优秀种公羊的作用。

（2）无法掌握具体的产羔时间。

（3）公、母羊混群，公羊追逐母羊，不安心采食，消耗公羊体力，不利于抓膘。

（4）无法掌握交配情况，羔羊系谱混乱，不能进行选配工作，又容易造成早配和近亲交配。

为克服上述缺点，在非配种季节，公、母羊要分群管理，配种期可按1：20～1：30的比例将公羊放入母羊群，配种结束后马上把公羊隔离出来。为了防止近交，羊群间要定期调换种公羊。

2. 人工辅助交配

人工辅助交配是把公、母羊分群隔离饲养，在配种期先用试情公羊试情，再将发情母羊与指定种公羊进行配种。采用这种交配方式，可以有目的地进行选种选配，提高后代的生产性能。每只公羊交配的母羊数可以增加到60～70只，有效提高了种公羊的利用率。

3. 人工授精

人工授精，是借助器械将公羊的精液输入母羊的子宫颈内或阴道内，达到受孕的一种配种方式。由于精液的稀释，可使一只种公羊的精液在一个配种季节使400～500只母羊受孕，大大提高了优秀种公羊的利用率，减少了种公羊的饲养量，降低了饲养成本。同时，冷冻精液可以远距离异地配种，使某些地区在不引进种公羊的前提下，就能达到杂交改良和育种的目的。人工授精能够准确登记配种时期，还能大大减少羊只的生殖器官疾病。

（四）　与配公羊数的确定

自然交配时，母羊群的大小调整到100头以下，根据母羊群的大小决定与配公羊数。小群母羊，尤其是纯种群时，混入1只公羊。如果第一发情周期结束17天后，复发情的母羊多，说明公羊有问题，应立即更换公羊。较大群母羊，放入1只公羊的失配率高，必须放入几只公羊，具体只数按照前文讲述的公母比例计算。

为了避免每只公羊负担不匀、个别公羊的与配母羊过多，一般可以选用体格、年龄近似的公羊。1岁公羊不宜与成年公羊混用。为了让公羊有一定间隔的休息，提高公羊利用率，也可以采用轮回配种法。要求是：间隔时间要固定，如有100只母羊需要配备3只公羊，配种第一天先放入其中的1只，24小时后换用第二只，24小时后再换入第三只。这样，每只公羊用1

天，休息 2 天。但要注意的是：第一发情期结束，失配母羊不宜再与原公羊相遇。根据经验，安排 4 天一轮的配种方案也可以，也就是 1 号公羊 1 ~ 4 天、13 ~ 16 天，2 号公羊 5 ~ 8 天、17 ~ 20 天，3 号公羊 9 ~ 12 天、21 ~ 24 天，如此轮回。在第一发情期用的公羊未配上的母羊，到第二发情期可以错开原配对，而换到另两只公羊的份下。

对于公羊，进入配种期时要时刻注意健康状况和活动情况。偏瘦时增加补饲，要保持公羊在整个配种期内体重不减，精力旺盛。夏末秋初配种可以考虑剪毛。

（五）同期发情技术

羊的同期发情，或称同步发情，就是利用某些激素制剂，人为地控制并调整一群母羊的发情周期，使它们在特定的时间内集中表现发情，以便组织配种，扩大对优秀种公羊的利用。另外，同期发情也是胚胎移植的重要环节，使供体和受体发情同期化，有利于提高胚胎移植成功率。同期发情对于农牧区的普通养羊户来说可能很陌生，可以作为一种先进技术了解一下。目前，同期发情使用的方法主要有 2 种。

1. 孕激素—PMSG 法

用孕激素制剂处理（阴道栓或埋植）母羊 10 ~ 14 天，停药时再注射孕马血清促性腺激素（PMSG），一般经 30 小时左右即开始发情，然后放进公羊或进行人工授精。阴道海绵栓比埋植法实用，就是将海绵浸入适量药液，塞入母羊阴道深处，14 ~ 16 天后取出，当天肌肉注射 PMSG400 ~ 750IU，2 ~ 3 天后被处理的大多数母羊就可以发情。孕激素种类及用量为：甲孕酮（MAP）50 ~ 70 毫克，氟孕酮（FGA）20 ~ 40 毫克，孕酮 150 ~ 300 毫克，18 - 甲基炔诺酮 30 ~ 40 毫克。

2. 前列腺素法

在母羊发情后数日，向子宫内灌注或肌肉注射前列腺素（PGF2α）或氯前列腺烯醇或 15 - 甲基前列腺素，可以使发情高度同期化。但注射一次，只能使 60% ~ 70% 的母羊发情同期化，相隔 8 ~ 9 天再注射一次，可提高同期发情率。用这种方法处理的母羊，受胎率不如孕激素—PMSG 法，且药物昂贵，不便广泛采用。

（六）妊娠及妊娠诊断技术

1. 妊娠期

母羊自发情接受交配（或人工输精后），从精卵结合开始形成胚胎到胎儿发育成熟并出生为止的整个时期，称为怀孕期或妊娠期。

妊娠期的长短，因品种、多胎性、营养状况等的不同而略有差异。早熟品种多半是在饲料比较丰富的条件下育成，怀孕期较短，平均为145天；晚熟品种多在放牧条件下育成，怀孕期较长，平均为149天。营养水平的高低对妊娠期也有一定的影响，尤其是在妊娠后期和多羔时，营养水平低可以使妊娠期缩短。怀多羔的妊娠期比怀单羔的短。另外，妊娠期也随母羊年龄的增大而延长。

2. 妊娠诊断技术

对配种后的母羊进行妊娠诊断，不仅可以及时检查出空怀母羊，减少空怀羊群数量，而且能及时确定妊娠母羊，并对它们进行分群管理，加强营养，避免流产。对于空怀母羊，也能及时查找原因，制定相应措施，参与下期配种，提高繁殖率，降低生产成本。

（1）妊娠母羊的表现。妊娠期间，母羊的新陈代谢旺盛，食欲增强，消化能力提高。因胎儿的生长和母体自身体重的增加，妊娠母羊体重明显上升。妊娠前期，因代谢旺盛，母羊营养状况改善，表现为毛色光润，膘肥体壮。妊娠后期，因胎儿快速生长、消耗加大，如果饲养管理较差，母羊就会表现出瘦弱。

（2）妊娠诊断技术。一种简单实用、准确有效的妊娠诊断方法，特别是早期妊娠诊断方法，一直是生产者和畜牧兽医工作者迫切需要的技术。在实际生产中，若能及早发现空怀母羊，可以及时采取复配措施，不致错过配种季节。妊娠诊断的方法大体可分为以下几类：

①外部观察法。母羊妊娠后，一般外部表现为：周期性发情停止，性情温顺、安静，行为谨慎；同时，食欲旺盛，采食量增加，营养状况改善，毛色变得光亮、润泽。到妊娠后半期（2～3个月后）腹围增大，孕侧（右

侧）下垂突出，胁腹部凹陷，乳房增大。随着胎儿发育增大，隔着右侧腹壁或两对乳房上部的腹部，可触诊到胎儿。在胎儿胸壁紧贴母羊腹壁时，可以听到胎儿心音。外部观察法中的触诊法较为重要。触诊时，用双腿夹住羊的颈部（或前驱）保定，双手紧贴下腹壁，以左手在右侧下腹壁前后滑动触摸有无硬物，有时可摸到子叶。

外部观察法的缺点是不能早期（配种后第一个情期前后）确诊是否受孕。对某些能够确诊的观察项目一般都在妊娠中后期才能明显看到，为时太晚。在进行外部观察时，应注意的是配种后再发情，比如，少数绒山羊在妊娠后有假发情表现，以此会作出空怀的错误判断。但配种后没有妊娠，也会以此得到妊娠的错误判断。

②超声波探测法。超声波探测法就是用超声波的反射，对羊进行妊娠检查。根据多普勒效应设计的仪器，探听血液在脐带、胎儿血管和心脏中的流动情况，能成功地测出母羊妊娠26天的情况。到妊娠6周时，诊断的准确性可提高到98%～99%。若在直肠内用超声波进行探测，当探杆触到子宫中动脉时，可以测出母羊心律（90～110次/分钟）和胎盘血流声，从而准确地判断妊娠。

③激素测定法。羊怀孕后，血液中孕酮的含量明显多于没有怀孕母羊。利用这个特点，可以对母羊做出早期妊娠诊断。例如，在欧拉羊配种后20～25天测得每毫升血浆中孕酮含量大于1.5纳克，就可以判定为妊娠，准确率可达93%。

④免疫学诊断法。母羊怀孕后，胚胎、胎盘及母体组织分别产生一些激素、酶类等化学物质，这些物质的含量在妊娠的一定时期显著增高，有些物质具有很强的抗原性，能刺激绵羊机体产生免疫反应。利用这些反应的有无来判断家畜是否妊娠。近期，也有研究者试图建立绵羊早期妊娠诊断技术，从绵羊绒毛膜促性腺激素（OCG）和胚胎滋养层蛋白 - 1（OPT - 1）诊断妊娠。这些新型先进技术在生产实践中的应用，能为农牧区高效养羊提供新的途径和方法指导。

（七）超数排卵和胚胎移植技术

超数排卵和胚胎移植技术（Multiple ovulation and embryo transfer，MOET），包括超数排卵、同期发情、胚胎移植等几个主要的技术环节。利用这种先进技术，能极大地发掘优良母畜的繁殖潜力、增大双胎或多胎机会，简化良种引进方法、降低种质资源保存费用，还能加快群体改良、加速育种进程，对羊的高效育种具有重要意义。

2007 年对西藏绵羊进行的胚胎移植试验获得初步成功。共移植绵羊 34 只，产羔 13 只，受胎率为 38%，其中引进无角多塞特肉羊冻胚 54 枚，移植 27 只受体羊，产羔 9 只，受胎率为 33%。利用彭波半细毛羊鲜胚移植 7 支，产羔 3 只，受胎率为 42%（接近预期目标：冻胚受胎率 35%，鲜胚受胎率 45%），双胚受胎母羊 1 只，双胚率为 22%，羔羊初生重 3.1 千克。

（八）诱发分娩技术

诱发分娩是指在妊娠末期的一定时间内，注射某种激素制剂，诱发孕畜在比较确定的时间内提前分娩。这是控制分娩过程和时间的一项繁殖管理措施。使用的激素有皮质激素、前列腺素 F2α 及其类似物、雌激素、催产素等。欧拉羊在妊娠 144 天时，注射地塞米松（或贝塔米松）12 ~ 16 毫克，多数母羊在 40 ~ 60 小时产羔；肌肉注射 PGF2α 20 毫克，多数在 32 ~ 120 小时产羔。与注射相比，不注射这 2 种药物的孕羊，197 小时后才产羔。

（九）接羔技术

妊娠期满的母羊将胎儿及其附属物排出体外的过程，称为产羔。一般根据母羊的配种记录，按妊娠期推测出母羊的预产期，对临产母羊加强饲养管理，并注意仔细观察，同时做好产羔前的准备。

1. 分娩征兆

母羊在分娩前，不仅身体某些器官在组织学上发生显著的变化，而且全身行为也不同于平时。这些变化是母羊为了适应胎儿产出和新生羔羊哺乳的需要而做的生理准备。对这些变化的全面观察，可以大致预测母羊的分娩时间，以便做好助产准备。

（1）乳房的变化。乳房在分娩前迅速发育，腺体充实，临近分娩时可以从乳头中挤出少量清亮胶状液体，或少量初乳，乳头增大变粗。

（2）外阴部的变化。临近分娩时，阴唇逐渐柔软、肿胀、增大，阴唇皮肤上的皱壁展开，皮肤稍变红。阴道黏膜潮红，黏液由浓厚黏稠变为稀薄滑润，排尿频繁。

（3）骨盆的变化。骨盆的耻骨联合，骶髂关节以及骨盆两侧的韧带活动性增强，在尾根及两侧松软，肷窝明显凹陷。用手握住尾根做上下活动，感到荐骨向上活动的幅度增大。

（4）行为变化。母羊精神不安，食欲减退，回顾腹部，时起时卧，不断努责和咩叫，腹部明显下陷是临产的典型征兆，应立即送入产房。

2. 正常接产

母羊产羔时，最好自行产出。接产人员的主要任务是监视分娩情况和护理初产羔羊。正常接产时，首先剪净临产母羊乳房周围和后肢内侧的羊毛，然后用温水洗净乳房，挤出几滴初乳，再将母羊的尾根、外阴部、肛门洗净，用1%来苏儿消毒。经产比初产母羊产羔快，羊膜破裂数分钟至30分钟左右，羊羔便能顺利产出。正常产出时羔羊一般两前肢先出，头部附于两前肢之上，随着母羊的努责自然产出。产双羔时，约间隔10~20分钟，个别间隔较长。当母羊产出第一只羔羊后仍有努责、阵痛表现，是产双羔的表现，此时接产人员要仔细观察和认真检查。羔羊出生后，先将羔羊口、鼻和耳骨黏液掏出擦净，以免误吞羊水，引起窒息或异物性肺炎。羔羊身上黏液，在接产人员擦拭同时，还要让母羊舔干，既可促进新生羔羊的血液循环，又有助于母羊认羔。

羔羊出生后，一般都自己扯断脐带，这时可用5%碘酊在扯断处消毒。如羔羊不能自己扯断脐带时，先把脐带内的血向羔羊脐部顺捋几次，在离羔羊腹部3~4厘米的部位人工扯断，并进行消毒处理。母羊分娩后1小时左右，胎盘会自然排出，应及时取走胎衣，防止被母羊吞食。如果产后2~3小时母羊胎衣仍未排出，应及时采取措施。

3. 难产的助产和处理

（1）难产母羊的助产。母羊骨盆狭窄，阴道过小，胎儿过大或母羊身体虚弱，子宫收缩无力或胎位不正等均会造成难产。羊膜破水30分钟，如母羊努责无力，羔羊还没有产出时，应立即助产。助产人员应戴乳胶手套，并消毒手臂。根据难产情况采取相应的处理方法。如果胎位不正，先将胎儿露出部分送回阴道，将母羊后躯抬高，手入产道校正胎位，然后才能随母羊有节奏的努责，将胎儿拉出。如果胎儿过大，可将羔羊两个前肢反复数次拉出和送入，然后一手拉前肢，一手扶头，随母羊努责缓慢向下方拉出。切忌用力过猛，或不根据努责节奏硬拉，以免拉伤阴道。

（2）假死羔羊的处理。羔羊产出后，如不呼吸，但发育正常，心脏有跳动，称为假死。造成假死的原因是羔羊吸入羊水，或分娩时间较长、子宫内缺氧等。处理的方法是：①提起羔羊两个后肢，悬空，并不时拍击背和胸部；②让羔羊平卧，用两手有节律地推压胸部两侧。

4. 产后母羊和出生羔羊的处理

产后母羊应注意保暖，防潮，避风，预防感冒，保持安静休息。产后头几天内应给予质量好、容易消化的优质饲草料，量不宜太多，过三天后饲草料可转为正常。

羔羊出生后，应使羔羊尽快吃上初乳。瘦弱的羔羊或初产母羊以及母性差的母羊，需要人工辅助哺乳。如果因为母羊有病或一胎多羔奶不足时，应找保姆羊代乳。

羊毛质量控制技术

我国是世界羊毛生产大国，但不是羊毛业的强国。我国的毛纺工业每年要消耗全世界 30% 以上的羊毛，是世界最大的羊毛消费国。但是，国产羊毛无论在产量上还是在质量上都远远不能满足国内毛纺工业的需要，特别是国内精纺工业的要求，将近 70% 的毛纺原料必须依靠进口。这使羊毛成为我国贸易逆差最大的畜产品。我国精纺工业所需要的细羊毛主要依赖进口澳产羊毛，国产羊毛的价格和市场竞争力都大大低于澳产羊毛。国产羊毛质量差是造成这种差异的首要因素。

我国羊毛质量差的原因是多方面的，提高羊毛质量不仅在于生产环节，还在于流通环节。流通前期的剪毛、分级、包装、检验、贮存和运输条件等同样影响着羊毛质量。必须用科学手段了解、掌握、监控这些环节，才能提高羊毛质量。

（一）羊毛生长与质量控制

我国的细毛羊和半细毛羊，羊毛生长周期一般为 1 年，每年 5—7 月剪毛。因此，确定羊毛各个生长阶段的质量影响因素、关键控制要素和相应的控制技术，对提高羊毛质量至关重要。表 25 综合分析了这个过程中控制羊毛质量的关键环节及控制措施。

表 25　羊毛生长阶段质量控制关键点

关键时间点	羊毛质量问题	控制点	控制措施
剪毛后至9月底	细度明显变粗	放牧管理	夏季适当限制放牧时间,防止营养过剩。
	毛尖发黄变脆、分叉	饲养管理	推广绵羊穿衣或加强放牧管理,减少日晒。
	农药残留	病虫防治	有效杀虫,防治病虫害,减少农药残留。
10月初至11月中旬	污染增大,净毛率降低	饲养管理	推广绵羊穿衣或加强放牧管理,减少被毛污染。
11月下旬至12月上旬	影响羊毛生长	配种期管理	尽量缩短配种期,适当补饲。
12月上旬至次年1月底	生长缓慢	饲养管理	合理补饲,提高羊毛生长速度和质量。
	污染增大	饲养管理	推广绵羊穿衣或加强放牧管理,减少被毛污染。
2月初至4月下旬	生长缓慢,有弱节	饲养管理	加大补饲量,防止产生弱节毛。
	污染增大	饲养管理	推广绵羊穿衣或加强放牧管理,减少被毛污染。
4月下旬至5月下旬	生长缓慢,有弱节	饲养管理	增大母羊补饲量,防止产生弱节毛。
5月下旬至剪毛前	被毛挂伤,草刺污染	放牧管理	合理选择放牧场,避免在灌木较多的草场放牧。
	尿黄毛、粪污毛等疵点毛	放牧管理	加强放牧管理,防止腹泻;5月初剪去臀部和生殖器周围的毛,防止产生尿黄毛、粪污毛。

(二) 剪毛过程与质量控制

由于绵羊剪毛的季节性很强,所以剪毛持续的时间越短,越有利于羊只抓膘。各地剪毛都有一定的时间,过早或过迟对羊只都不利。过早剪毛羊只容易遭受冻害,而且烈日照射容易招致皮肤病。但过迟剪毛,一则因阻碍羊体热散发而影响上膘,再则会因羊毛自行脱落造成经济损失。剪毛前 12 小时应停止喂料、饮水,以免在剪毛过程中粪尿沾污羊毛。剪毛时最好将羊群圈进 1 个小圈里，使它们拥挤在一起，可以使油汗液化，便于剪毛。

1. 剪毛规范

剪毛过程对羊毛质量影响很大。剪毛程序的规范性不仅影响羊毛质量，而且影响分级工作的顺利进行。按照标准剪毛程序，正身套毛与四肢毛和头毛应分开剪，先剪正身套毛中有质量问题的毛，比如，标记毛、粪污毛等，然后再剪正身套毛，最后剪头毛和四肢毛。按照不同部位剪下的毛要分别单独堆放，因为头毛、四肢毛不仅粗短，而且含有粗腔毛、刚毛，如果一起堆放，容易污染正身套毛。

目前，我国大部分牧区都没有按照规范剪毛。即使有的地方按照规范程序剪毛了，但是抱毛人员为了方便，往往把剪下的头毛、四肢毛，甚至粪污毛卷到套毛中一并抱走，这样不仅污染套毛，而且给分级工作带来了很大的困难。

2. 剪毛技术

剪毛技术的熟练程度及剪毛人员的质量意识，是影响羊毛质量最直接的因素。剪毛的方法有手工剪毛、机械剪毛。不管是手工剪毛还是机械剪毛，剪毛人员都必须具备熟练的剪毛技术，剪子要紧贴皮肤，毛茬整齐均匀，不重剪，不漏剪，不伤羊。

我国牧区目前仍以手工剪毛为主，即便采用了机械剪毛，也没有达到机械剪毛的目的。因为剪毛人员技术不熟练，质量意识不强，剪毛时留茬高，二剪毛非常严重。有的剪毛工剪下的套毛不完整，甚至变成了碎毛。这不仅影响了羊毛产量，更重要的是使羊毛长度大大减小、短毛增加、套毛的长度离散增大，影响羊毛的综合品质和等级，降低了羊毛价格。

根据剪毛过程与羊毛的质量关系，表 26 综合分析了剪毛过程中羊毛质量控制的关键环节及控制措施。

表 26 剪毛过程羊毛质量控制关键点

关键点	羊毛质量问题	控制点	控制措施
剪毛场地、用具、剪毛人员	异性纤维污染 有色有髓纤维污染 其他杂质污染	剪毛人员、场地、用具等	彻底清洁剪毛场地，清除污染隐患；规范盛毛用具，杜绝异性纤维污染；规范剪毛人员行为，防止一切污染源。

（续表）

关键点	羊毛质量问题	控制点	控制措施
剪毛过程	有色有髓纤维污染 粪污毛、边肷毛污染 长度减少、长度离散增大 二剪毛增加 套毛不完整	剪毛过程	制定统一的剪毛规范，并加大培训力度。剪毛人员严格按照规范的剪毛程序进行。
		剪毛技术	制定统一的剪毛技术规范，加大培训力度。提高剪毛人员的技术水平和质量意识，并将剪毛质量纳入剪毛人员计酬考核范围。

（三）除边整理及分级质量控制

1. 套毛除边整理与羊毛质量

一只羊完整的毛套应包括正身毛、边肷毛、腹毛、头腿尾毛及各类疵点毛（图35）。套毛除边整理是将那些与套毛整体差别很大的边肷毛、粪污毛、粗腔毛、沥青毛（或油漆毛）、草刺毛等所有有疵点的毛从套毛上除去。除边的目的是除去与套毛质量差异较大的疵点毛。通常大多数的疵点毛集中在套毛边缘，因此，去除疵点毛的重点在于套毛边缘。这也是"除边"一词的由来。但除边并不只是除去边肷毛，还要除去套毛上质量差异大的疵点毛，比如，常见于正背部的草刺毛、标记毛、毡井毛等。一般边肷毛的比例应该控制在10%左右，最多不超过15%。当然，也不是每个套毛都要按照这个比例进行除边。除边的程度要视套毛的质量状况来确定，既不能除边不彻底，使疵点毛残留在套毛上影响套毛质量，也不能除边太多。如果套毛质最比较统一、污染较小，除边的数量应该相应的减少，特别是穿衣羊只的套毛，严禁将好毛从套毛上除去。

2. 分级与羊毛质量

（1）分级前的准备工作。羊毛的分级、整理及打包等工作是整个机械剪毛的重要环节，准备工作应与整个剪毛工作一起安排。

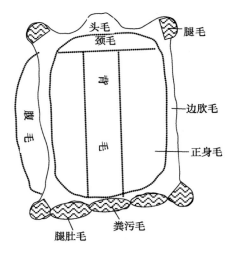

图35 套毛示意图

①分级员及助手的准备。分级过程中，分级员对分级标准的掌握程度及在具体操作中的熟练程度是做好羊毛分级的关键。因此，分级员及助手应熟练掌握分级的标准及要点，且做到人员相对固定。同时，要有计划地对分级员进行培训，使他们对不断修订的分级标准能做到心中有数。根据剪毛机的数量确定分级员及助手的配备，一般5～12把剪刀配备1个分级台，1名分级员和2～3名助手。

②分级用具的准备。分级用具主要有：分级台、拾毛筐、盛毛筐、钢尺和隔离栏等。分级台是用木条或细薄钢管焊接而成，间隙15～20毫米，分级台面积一般不小于1.5米×2.5米。在分级过程中，因羊毛脂和灰屑的相互粘连使间隙变小，要定期剔出间隙内的污垢，使短毛、重剪毛能够顺畅地漏下去。每个分级台应配备2个拾毛筐、2个盛毛筐，以便将毛套中剔除的腹、头、腿、尾毛及乳房毛分别存放和打包。同时，还应准备一些隔离栏，对分级后不同等级的羊毛用隔离栏隔开，分别堆放，避免相互混杂。如果没有固定隔离栏，用产羔用的母子栏也可以。

③分级场地的准备。分级场所是剪毛厂的重要组成部分。在每个剪毛季节到来之前，应根据实际情况进行修缮或粉刷，做到不漏雨，刮不进风沙，通风良好。室内光线不好的还应配备照明灯具。

④打包机和包装材料的准备。包装材料是防止异性纤维混入羊毛包内的重要环节。一般化纤布在剪裁中容易脱丝应禁用，尽量使用经过刷唆的聚丙

烯包装布。剪毛前还应对打包机进行适当的维护保养，主要是检查液压装置是否漏油，液压管老化的要及时更换，严防液压管爆裂，液压油污染羊毛和场地。

⑤参加剪毛羊只的准备。一个分级台要负责多把剪毛机的羊毛分级工作，羊毛上混有沥青、油漆等异物时，必须剔除干净，严防混入毛包。对赶到剪毛厂等剪毛的羊群，由分级员再次检查核实后方可剪毛，这样可以提高剪毛的效率。

（2）分级的技术要求。

①拣拾羊毛及扔毛套。剪毛工将剪下的毛套毛根朝上堆放在剪毛台上，分级员助手或拾毛工应快速将整个毛套和短毛一并拾入筐内过称（称个体剪毛量），随后将筐内的羊毛倒在分级台上，分级员和助手将毛套毛根向下平铺在分级台上。如果不计量个体剪毛量，拾毛工直接在剪毛台上找出毛套中两个后腿部的羊毛，一手抓一个，用拇指和食指捏住，由后端折叠至前端，手臂呈半圆形沿着毛套边把毛套拢在一起，向里按住抱起，到分级台前向外向上呈45°把毛套抛出去。当毛套落在分级台上后，分级员拉住后腿部羊毛，展开毛套，使整个毛套毛根向下平摊在分级台上，准备分级和除边。

②毛套的除边整理。将剪下的整个套毛毛尖朝上平铺在分级台上，全面观察，首先除去套毛上的头、腿、尾毛及疵点毛，然后确定正身毛的支数、等级，再根据主体等级要求除去套毛周边的短毛、粗毛及其他不符合主体等级要求的毛。除边整理下来的边肷毛，特别是高等级毛套除下的边肷毛，品质并不一定很差，应根据标准要求进行质量分级，单独包装。除边工作既要细心又不能过细，要在毛套主体等级许可的情况下尽量少除，以保证羊毛生产者的利益。

（3）羊毛分级。羊毛分级的目的是统一规格，也就是把品质特征一致的羊毛分为同一类，以满足羊毛加工业对羊毛品质的需要，降低质量风险，使羊毛制品在销售时具有最大的竞争力。

①对经过除边整理的正身套毛，在两边肩、股部位各随机抽取一小束毛丛，目测细度、长度及外观特征，并用钢尺测量长度，然后根据分级标准判定毛套的等级。在每个剪毛季节，分级员应经常对照细度标准比对眼光，以使目测的细度更接近实际。

②根据整个套毛的平均细度确定套毛的细度。套毛的细度等级分为50支以上（18微米以下）、60支（23.1～25微米）、64支（21.6～23微米）、66支（20.1～21.5微米）及70支（15.1～20微米）。一个套毛中只允许含

有与主体细度上下相邻的一个支数的毛，绝不允许含有与主体品质支数相差2个支数级的毛。羊毛细度与品质支数对照情况见表27。

表27 羊毛细度和品质支数对照表

品质支数/支	细度范围（微米）	品质数支/支	细度范围（微米）
80	14.5~18.0	50	29.1~30.0
70	18.1~20.0	48	30.1~34.0
66	20.1~21.5	46	34.1~37.0
64	21.6~23.0	44	37.1~40.0
60	23.1~25.0	40	40.1~43.0
58	25.1~27.0	36	43.1~55.0
56	27.1~29.0	32	55.1~67.0

羊毛分级是一件非常重要的事情，必须做到严肃、认真、公正。在国外，分级人员对自己分级的羊毛要负法律责任，分级现场不能吸烟，甚至分级员不能穿掉毛的深色毛衣，严禁异物及异性纤维混入羊毛。国内的羊毛分级不严格，等级判定随意，整个分级工作没有起到统一质量，降低风险的作用。

③毛丛主体长度决定套毛的等级。除边整理后的66支、70支细特毛的毛丛自然长度70%以上要达到或超过75毫米，其余部分的毛丛长度不得短于60毫米。除边整理后的64支细特毛的毛丛自然长度70%以上达到或超过80毫米，其余部分的毛丛长度不得短于60毫米。不论是哪个细度支数的细一毛，套毛除边后的毛丛自然长度70%以上都要达到或超过60毫米，其余部分的毛丛长度不得短于40毫米，其中，长度在40~50毫米的不得超过10%。套毛毛丛自然长度达不到细一要求的，可归为细二。套毛细度达不到支数毛要求的，归类为改毛。

整理分级完毕，把毛套的两边向中间折叠，并从尾部卷至颈部，使之成为一个扁圆，然后堆放在有等级标识的毛堆上，等待打包。

根据除边整理及分级过程与羊毛质量的关系，表28综合分析了影响羊毛质量的关键环节和关键点以及相应的控制措施。

表28　除边整理和羊毛分级过程质量控制关键点

关键点	羊毛质量问题	控制点	控制措施
除边整理	套毛中含有疵点毛	除边不彻底	制定统一的除边整理技术规范，加强分级人员的技术培训，提高技术水平、质量意识及责任意识。
	套毛中含有其他杂质		
	除去的边肷毛中含有较多质量好的毛	除边太多	
	套毛不完整	除边手法不规范	
分级	套毛质量不统一	分级质量控制不严	分级人员应该经常对照标准样品校正目光，提高分级的准确率。
	分级结果不准确		

（4）羊绒的分类及等级。

①分类。山羊绒按照色泽可以分为白绒、紫绒、青绒3种，其中，以白绒为最好。根据我国专业标准《分梳山羊绒》的规定，表29、表30和表31分别罗列了白山羊绒、紫山羊绒、青山羊绒（含青山羊绒）的颜色和品质特征。

表29　山羊原绒分类

颜色类别	外观特征	颜色比差（%）
白绒	绒毛都为白色	100
青绒	绒呈灰白色、青色，毛呈黑白相间色、棕色及其他颜色	70
紫绒	绒呈浅紫色或深紫色，毛呈黑色	60

表30　分梳白山羊绒品质指标

等级	指标		
	含粗率（%）	含杂率（%）	平均长度（毫米）
优级	0.1	0.2	38
一级	0.2	0.3	36
二级	0.3	0.4	34
三级	0.5	0.5	31
四级	0.7	0.7	28

表31 分梳紫山羊绒（含青山羊绒）品质指标

等级	指标		
	含粗率（％）	含杂率（％）	平均长度（毫米）
优级	0.2	0.3	36
一级	0.3	0.5	33
二级	0.5	0.6	31
三级	0.7	0.7	29
四级	1.0	1.0	26

注：分梳山羊绒公定回潮率为17％；分梳山羊绒公定含脂率为1.5％

②路分。按山羊绒的产地分路：如，称包头或包头一带的绒毛为包头路，宁夏的绒为银川路，河北一带的绒为顺德路，等等。

按头路、二路、三路区分：纤维长、光泽鲜亮、含粗含杂少、含绒量高的称为"头路"绒；稍差的称为"二路"绒，其次的为"三路"绒，再次的为"不够路分"或"不上路"。

按一批货中的头路绒、二路绒、三路绒不同的含量分路：头路绒占85％、二路或二路以下的占15％的绒称为"8515"路；头路绒占80％、二路或二路以下占20％的称为"82"路。

对原料绒来说，不仅讲路，还讲"分"，通称为"路分"。"路"就是以上说的各种绒含量的比例，好绒一般为91路，82路，次绒为73路，64路，再次甚至有倒37路或倒46路等。"分"，是指分数，主要是指含绒量或含杂量的多少，如含杂质较少、出绒量能占65％的称为65分；头路绒占80％的综合称为82路65分。

③原绒分等标准。根据含绒率、手扯长度及品质特征，山羊绒可分为特等、一等、二等、三等。其中，二等为标准品，三等以下为等外品。具体分等及其标准见表32。

表32 山羊绒的分等标准

等级	含绒率（％）	手扯长度（毫米）	品质特征	等级比差（％）
特等	≥75	≥43	色泽光亮，手感柔软，有弹性，强力好，允许含有少量的易于脱落的碎皮屑。	150
一等	≥65	≥40		130

（续表）

等级	含绒率（%）	手扯长度（毫米）	品质特征	等级比差（%）
二等	≥50	≥35	色泽光亮，手感稍差，有弹性，强力好，允许含有少量的易于脱落的碎皮屑。	100
三等	≥35	≥30	光泽和强力较差，含有较多不易脱落的皮屑。	65

④羊绒的鉴别方法。由于山羊绒价格不菲，市场上常有各种各样的假劣山羊绒。为了保证生产者和消费者的利益，下面介绍几种简单易行的鉴别方法。

目测法：主要是一看、二掂、三摸、四拉、五嗅、六舔、七化。

看：一看羊绒的光泽和颜色。白绒色泽要有光泽，颜色纯白，不可灰白和暗沉，不能出现黑色或杂色毛。紫绒、青绒的颜色要大体一致，如紫绒、淡紫色与深紫色要分开。看时要注意光线，不能对着直线看，更不能在夜间看。二看含粗。原绒要多看几把，综合分析产地、质地、含粗率与出绒量。对于无毛绒，如果一把中出现的粗毛多的话，说明品级不够，还需要再分梳排粗。三看含杂。原绒主要看皮屑、沙土等杂质的多少，无绒毛主要看其中有无异性纤维。四看有无虫蛀绒、陈旧绒或霉变的绒。

掂：指用手掂一下绒的分量。通过手掂就可以估量出绒的含杂与含水分情况。一般来说，没有人为掺杂土的绒及干燥的绒分量比较轻。而人为掺杂或掺水的绒分量增重。

摸：一是摸绒的手感。山羊绒的手感光滑，而其他动物纤维或化纤的手感干涩。二是摸绒的含油脂情况。如果反复触摸手掌感觉发黏，说明含脂率高。三是摸绒的含土情况。原绒抓起一把往另一手掌抖动，看手掌上落下的沙土多少。如果无毛绒反复抚摸后手上有尘或尘土较多，说明含杂较高或没有水洗。四是摸绒的含水量或回潮率。一般来说，绒的温度和人体差不多。如果摸着绒是温暖的，回潮率符合国家规定的标准（17%）；如果摸着发凉或发潮，说明回潮率超标。

拉：一是用手拉一拉绒的长度（在绒布板上拉长度，称为"排板"），或将绒在裤腿上拉一拉，大体估算出绒的长度。二是通过用手拉绒，估摸出绒的拉力，看是否霉变、陈旧、枯朽。三是通过用手拉一根绒，松开后看绒的卷曲情况，来鉴别绒中有无羊毛或异性纤维。拉断后听声音也可以判断出纤维的属性。

嗅：一嗅有无霉变或臭味，判断绒是否变质。二嗅有无药水味，判断是不是药退绒或染色绒。三嗅有无生石灰水味，判断绒是否为"灰退绒"。四是烧几根纤维，用鼻子闻一下，看被烧的究竟是羊绒还是化学纤维。羊绒接触明火慢慢燃烧，而各种化学纤维接触明火迅速燃烧；羊绒燃烧时有类似头发烧焦味，而化学纤维燃烧时散发出刺鼻味；羊绒燃烧后的黑色灰烬用手指轻轻一捻就碎，而各种化学纤维燃烧后的灰烬较硬、不易捻碎。

舔：是用舌尖舔绒，来判断绒中是否喷糖水、盐水等。

化：是通过简单的化学试验，将动物纤维与非动物纤维分离。可将 10 克羊绒放入烧杯中，加入 1 000 毫升 2.5% 氢氧化钠溶液，搅拌均匀，再将烧杯放在电炉上煮沸 20 分钟后取出，用 100 目丝筛过滤出没有溶解的纤维，用清水清洗，二次过滤后烘干或晾干，得到的就是非动物纤维。

镜检法：是指在显微镜下，根据组织学构造进行鉴别的方法。羊毛纤维的组织学构造由鳞片层、皮质层、髓质层组成，髓质排列为数层。棉花纤维为扁平管状结构，中间为细胞腔，边缘为增厚的细胞壁，沿纵轴有许多扭曲。化学纤维仅为一条长管，有时可见到许多小黑点，这些小点是金属减光剂，可使纤维光泽柔和。

染色法：根据试剂对纤维作用的不同，观察色泽、溶解度进行鉴别。用 3 克碘化钾溶于 60 毫升水中，再加 1 克碘和 40 毫升水，过滤，配成甲液；再用 2 份甘油加 1 份水，加 3 份浓硫酸配成乙液。试验时，2 份甲液混合 1 份乙液，将纤维放入色液中，1 分钟后取出，用清水冲洗，观察色泽和溶解度。黄色，不溶解的是羊毛；不上色，微溶解的是棉花；浅绿色或浅蓝色，不溶解的是黏胶；深棕色，稍溶解，纤维变绿硬结的是棉纶；淡棕色，不溶解的是涤纶；既不上色，也不溶解的是腈纶。

（四）压缩打包与羊毛质量控制

压缩打包是羊毛标准化包装技术，将分级后的羊毛用羊毛打包机（或机械压力打包机）进行压缩打包，打包材料一般选用高密度聚乙烯编织布或尼龙包装袋。羊毛打包后，毛包上必须做标记，标记内容包括产地、交货单位、类别、等级、批号、包号和包重。在类别及等级项中应能体现羊毛的类型（如细羊毛、半细羊毛或改良毛）、长度和细度。

套毛分级完成后必须在指定地点存放一定时间（一般为 12 小时）后才

能打包。打包前还要确保羊毛是干爽的，如果羊毛上有尿液、露水等潮湿现象，应晾干后再打包，否则容易造成羊毛腐烂、发霉、变黄。另外，羊毛包装袋最好选用尼龙包装袋。如果经济条件不允许，也要选用高密度聚乙烯编织布，杜绝使用低密度聚乙烯编织布或破旧的聚乙烯编织袋，否则在羊毛贮存运输过程中包装袋破损，易造成丙纶丝污染。

1. 人员及包装材料的准备

根据需要剪毛的羊只数及可供打包的羊毛数量（也就是本年度的羊毛产量）测算所需要的包装材料。一般，按每个毛包 100 千克、φ2.8 毫米的低碳钢丝捆 7 道约 1.2 千克计算，但在采购时应适当留有余地。在人员的配备上，1 台打包机应配备 4~5 名打包工，另配 1 名司磅员，负责称重、记录和刷唛。

2. 打包及缝包

打包时应将一个支数的羊毛尽量打完，再打其他支数或品质的羊毛。毛包重在 100 千克左右为好，不要过大或过小。7 道钢丝排列要均匀，包索的结扣应牢固，避免包索松紧不一、受力不匀而拉断钢丝，不仅影响毛包的美观，也影响毛包的装运。

在缝包时应将包头布拉紧，外露的羊毛全部纳入包内缝入。一般用 φ0.6 毫米左右的钢丝缝合就可以。缝合间隙不要太大，应以羊毛不外露为好，缝合深度在 40 毫米、针距 30 毫米左右。

3. 刷唛和入库

在毛包的两端（包头）刷深色标志，内容有：产地、批号、等级、包号、包重及分级员编码等。在等级一栏中应标出羊毛的细度和等级。包头的刷唛应工整、清晰，易于辨认，尽量不要涂改。刷唛、记录妥善后，入库堆放。入库时，应按等级分别堆放，以便检测、装运和核实。注意保持库内的通风，避免日晒和雨淋。

4. 打包过程及羊毛分级质量控制关键点

根据打包过程与羊毛质量的关系，表 33 综合分析了打包过程中影响羊毛质量的关键环节和关键点以及相应的控制措施。

表33　羊毛打包过程质量控制关键点

关键点	羊毛质量问题	控制点	控制措施
打包	羊毛发热变色 羊毛发霉变质 丙纶丝污染	打包前羊毛检查 包装袋选择	制定统一的打包技术规范，加强打包人员技术培训，打包前严格检查羊毛的状态和包装材料的质量。

（五）抽样检验与羊毛质量控制

抽样检验是对羊毛质量状况的验证和确认，为羊毛交易提供定价的依据，也为毛纺企业选毛提供参考。但是该过程操作不规范，同样影响羊毛质量。

首先，取样过程要规范。按标准规定，打包以后的抽样采取钻芯取样和抓样。钻芯取样时必须先用剪刀在毛包上剪一个比扦样器孔径大的洞，然后再用扦样器扦样。严禁直接用扦样器从毛包中扦取样品，否则会将毛包的丙纶丝带入羊毛中，造成污染。另外，取样要严格按标准进行，取样的数量和质量要能代表整批毛的实际质量状况；同时，检测过程也要严格按标准要求的条件和方法进行。只有这样，检测结果才能反映整批毛的真实质量状况，不同地区的羊毛之间才有可比性。否则，会给养殖户造成经济损失。

根据抽样检验过程与羊毛质量的关系，表34综合分析了该过程中影响羊毛质量的关键环节和关键点以及相应的控制措施。

表34　羊毛抽样检验过程质量控制关键点

关键点	羊毛质量问题	控制点	控制措施
检验	检验过程与羊毛实际质量不符	样品缺乏代表性或检测过程不规范	严格按照国家标准进行抽样和检测。
抽样	丙纶丝污染	抽样过程不规范	

（六）羊毛流通与质量控制

羊毛流通阶段包括贮存、运输、交易。这个过程对羊毛的质量也有一定的影响。

1. 贮存运输过程羊毛质量的控制

贮存、运输过程对羊毛质量的控制，主要是注意通风、防潮、防霉、防蛀。另外，还要防止包装破损引起的丙纶丝污染，以及防虫剂使用不当造成的农药残留。

根据贮存、运输过程与羊毛质量的关系，表35综合分析了该过程影响羊毛质量的关键环节、关键点及相应的控制措施。

表35　羊毛贮存、运输过程质量控制关键点

关键点	羊毛质量问题	控制点	控制措施
贮存运输	羊毛发霉、变质、虫蛀	贮存、运输条件控制不严格	严格控制贮存、运输条件，随时观察毛包状况，发现问题及时采取相应措施。
	丙纶丝污染	管理不严格	
	农药残留	杀虫剂使用不当	严格限制杀虫剂的使用。

2. 交易过程羊毛质量控制

交易过程是羊毛进入初级加工企业的最后阶段。该过程对羊毛质量的影响存在很多不确定因素，因为目前国内羊毛交易市场很不规范，交易方式多种多样。如果打包后的羊毛从牧户直接到拍卖市场或初级加工企业，那么该过程（除运输过程的影响）基本是安全的，对羊毛质量没有什么影响。但是，如果打包后的羊毛由小商贩收购，该过程的质量就不确定。要使养殖户生产的羊毛保质保量、安全到达初级加工企业，就必须规范羊毛交易市场，减少中间环节，消除一切对羊毛质量有影响的不确定因素。

绵羊疾病预防和治疗技术

　　羊群的卫生防疫和疾病防治，不管是对放牧饲养，还是对舍饲半舍饲饲养，都非常地重要。在牧区虽然家家户户都养羊，但是，绝大多数牧户对羊群没有严格的防疫程序或疾病监测手段，常常是"头痛医头，脚痛医脚"，以致羊群受到疾病的侵害而造成经济损失。特别是舍饲半舍饲养羊，因为羊群比较集中，不像全天放牧羊那样可以分散在开阔的户外草场上，所以，严格的卫生防疫和疾病防治尤为重要。羊群的安全健康包括传染病、寄生虫病和普通疾病的防治。对于羊群疾病控制，预防重于治疗。

（一）疾病预防与卫生防疫

1. 基本原则

　　羊舍位置的选择和场区的布局，要符合卫生防疫的要求。生产场区应分为生产区、生活区、隔离区。这样分区可以切断外来传染源。制定严格的场内卫生防疫制度，例如，日常卫生管理、定期消毒、疫病监测和报告、病羊隔离、技术人员巡视制度、定期预防免疫制度、档案制度等。总之，要严格遵循"防重于治"的方针。

2. 措施

　　（1）科学饲养管理。日常管理中要制定圈舍管理制度和生产管理制度，加强环境控制，改善饲养管理条件，以便增强羊只体质，提高个体及群体抗病能力。具体主要包括：重视饲草料的营养和质量，注意草料的合理搭配、避免饲草料单一使用，不能饲喂发霉变质或严重污染的饲草料；饮水清洁卫生、防治污染；注意饲养密度，按照羊舍构建要求保证每只羊的占地面积；做好羊舍保温防冻，冬季圈舍内气温降到 −5℃时需要采取保温措施，例如在羊舍内放置电暖气或用毛毡、棉被等盖住羊舍顶部，最好采用暖棚饲养；每天清扫羊圈，及时清理粪便和污物，对圈舍和饲养设施进行定期消毒；定期检疫，及时隔离患病羊，做好不明死因羊的处理等。

（2）定期检疫和消毒。根据当地防疫部门的检疫计划，每年要对羊群进行检疫，及时发现和消灭疾病传染病。如果检查出发病羊，应及时隔离治疗或按照防疫部门的意见处理。定期进行防疫注射和预防驱虫，如配合当地畜牧兽医部门定期进行防疫。定期消毒棚圈、场地和饲养用具等，特别是棚圈空出后的消毒，能消灭散布在棚圈内的微生物（或称病原体），切断传染途径，使环境保持清洁。从外地新引进羊只时，必须做好疫情的调查，确定安全后才能购入。购入的羊只必须经过检疫和健康检查，要隔离观察 15 天，确认无病后才能进入羊舍合群饲养。

（3）发生疫病后的处理。确认发生疫病后，及时向防疫部门报告疫病发生情况，如病名、发生时间、数量、症状等。迅速消毒和隔离病羊。隔离场要远离居民区，不能靠近公路、水源等。要有专人看管，严禁人或其他家畜进入。粪便和死羊要深埋、焚烧，或采取其他无毒化处理措施。地方畜牧业主管部门对疫病来源地区要进行封锁并及时采取相应紧急措施，严格遵守封锁的有关规定，如不得出售羊只或畜产品，不得将羊群赶到非疫区避疫等。对疫区要彻底消毒。

①扑杀。当发生重大动物疫情时，为彻底消灭传染源，对患病动物及规定扑杀的易感动物进行扑杀，扑杀的原则是采用无出血方法，如电击、扭颈、钝击、药物注射、二氧化碳窒息等。扑杀时要注意做好人员防护，穿戴合适的防护服、防护手套、胶靴、口罩、护目镜等。扑杀结束后，密切接触感染动物的人员要用无腐蚀性消毒药品浸泡手，之后再用肥皂清洗 2 次以上。防护服、口罩、手套、护目镜、胶鞋等用品在指定地方消毒或销毁，防止疫源扩散。

②无害化处理。所有病死和被扑杀动物的尸体及其产品、排泄物、被污染和可能被污染的垫料、饲料和其他物品必须进行严格的无害化处理，常用方法如下：

掩埋：简便易行，应用比较广泛，但掩埋时必须注意以下几点：地点应选择高燥，距居民点、水井、道路、放牧地及河流比较远的偏僻地方；尸坑大小以容纳尸体侧卧为好，同时将污染的土层、捆绑动物尸体的绳索等用品一起抛入坑内，深度应保证被掩埋物的上层距离地面1.5米以上；掩埋前要对被掩埋物实施焚烧处理；在掩埋坑底铺2厘米厚的生石灰，焚烧后的动物尸体等表面再洒2厘米生石灰；掩埋后的地面应使用消毒药喷洒消毒，填土后应与地面持平，填土不要太实，以免尸体腐败产气造成气泡冒出和液体渗漏；掩埋区要设立明显标记。

焚烧：是一种彻底的无害处理方法，但耗费较大，一般用于炭疽、气肿疽等病畜尸体的处理，疫区周围附近有大型焚尸炉时也可采用焚化方式。焚烧时应符合环保要求，处理的尸体和污染物用砖瓦或铁皮压住，从下面点火，直到把尸体烧成黑炭为止，并把它掩埋在坑内。

运送动物尸体应使用特制的运尸车，防止漏水。装车前应将尸体各种天然孔用浸有消毒药液的湿纱布、棉花严密填塞，以免流出粪便、分泌物、血液等污染环境。停放过尸体的地方要铲去土表层同尸体一起运走，并以消毒药喷洒消毒。装车时车底部垫一层石灰，运送过尸体的用具连同车辆严格消毒，工作人员被污染的手套、衣物、胶鞋等也应进行消毒。

发酵：饲料和粪便可以在指定地点堆积、密闭发酵。发酵时间夏季不少于2个月，冬季不少于3个月。

3. 消毒

消毒是指通过物理、化学或生物学方法杀灭或清除环境中病原体的技术或措施。消毒的目的是消灭被传染源散播到外界环境中的病原体，以切断传播途径，阻止动物传染病的蔓延。

（1）畜舍消毒。畜舍消毒前，先将畜舍内及周围的粪便、污物、垫料和污染的物品、用具等清除掉，污物量大时堆积发酵处理，量少时可烧毁或深埋。对地面、墙壁、门窗和饲槽等，一般常用10%～20%生石灰乳剂、5%～20%漂白粉或其他含氯消毒剂（按说明书要求使用）、2%～10%氢氧化钠溶液、3%～5%来苏儿溶液、2%～5%福尔马林溶液等进行严密的消毒或洗刷。用10%～20%生石灰乳涂刷畜舍围墙，为了消毒彻底，应连续涂刷3次，每次间隔2小时。消毒药液的用量，一般天棚、墙壁每平方米用药液量为1升左右，畜舍地面每平方米为2升。

（2）畜舍内空气消毒。消毒前，先将动物转移到畜舍外，然后用以下药物消毒：

①过氧乙酸：每立方米用量1～3克，配成3%～5%的溶液，加热熏

蒸，在相对湿度80%条件下密闭1~2小时。

②福尔马林：每立方米用量15毫升，加水80毫升，加热蒸发消毒4小时；或每立方米空间用福尔马林25毫升、高锰酸钾25克，水12.5毫升进行熏蒸消毒。

③乳酸：每100立方米用乳酸12毫升，加水20毫升，加热蒸发消毒30分钟。

（3）粪便消毒：

①焚烧法。常用于处理被炭疽、气肿疽等芽孢菌污染的粪便、饲料、污物等。

②掩埋法。对数量不多的一般动物传染病病畜的粪便、污物、剩料等，可挖1米以上深坑掩埋。但在处理被炭疽、气肿疽等芽孢菌以及病毒污染的粪便、饲料、物品等时，须挖2米以上深坑长期掩埋，并设标志，后期不能再挖掘。

③生物热消毒法。对非芽孢病原微生物污染的粪便，可用生物热消毒法进行消毒。

（4）污水消毒。对于被一般动物传染病病畜污染的污水，可按污水量，加10%~20%生石灰或1%~2%氢氧化钠搅拌消毒。

（5）车辆消毒。对运输过动物传染病或疑似动物传染病的病畜、尸体、畜产品等的车辆，应在指定地点，先喷洒消毒液后清扫，然后用20%漂白粉溶液或10%氢氧化钠热溶液冲洗，每隔30分钟至1小时消毒一次，连续3次。清扫的粪便和污染物等加以焚烧。

（6）皮张、毛类消毒。对动物传染病病畜的皮张或被污染的皮毛类，用化学药物消毒。患口蹄疫牲畜的皮张，可放入0.2%的氢氧化钠食盐饱和溶液中，浸泡24小时。对被炭疽芽孢污染的皮张，通常放置在特制的"消毒袋"或"消毒箱"中，通入环氧乙烷进行消毒；对于口蹄疫污染的毛类，常用福尔马林熏蒸消毒，每立方米用福尔马林25毫升，加水12.5毫升，放入盛有12.5克高锰酸钾的容器内，密闭门窗16~24小时，或者每立方米用硫黄40克，将烧红的木炭放入硫黄中燃烧，产生二氧化硫气体，封闭门窗24小时，都可以达到消毒的目的。

（7）动物体表的消毒。对患病动物、病愈动物或解除封锁前的隔离动物等的体表，常用3%来苏儿溶液、1%福尔马林溶液、1%氢氧化钠溶液或20%~30%草木灰水等进行喷雾或洗刷消毒。

（8）地面土壤消毒。地面土壤可用10%漂白粉溶液、4%福尔马林或

10％氢氧化钠溶液消毒。停放过芽孢杆菌所致传染病（如炭疽）病羊尸体的场所，应严格消毒，首先喷洒10％漂白粉澄清液，然后将表层土挖起30厘米左右，撒上干漂白粉，并与土混合后妥善运出掩埋。其他传染病污染的地面土壤，可以先将地面翻一下，深度约30厘米，在翻地的同时撒上干漂白粉（用量为每平方米0.5千克），然后用水洇湿，压平。

4. 免疫程序

（1）免疫的要求。免疫前应了解羊群的健康状况、病史和免疫史，凡是有病、瘦弱、临产母羊都不应该接种，等到病羊恢复健康、母羊产羔后再按照相关规定的要求补接种。

（2）接种部位选择。最好选择臀部肌肉注射，此处自由活动区域大，而且疫苗吸收均匀，防疫效果好。其次是颈背部皮下注射。尽量避免在四肢肌肉内注射，以免因操作不当而损伤四肢的血管和神经，造成腿部肿胀和瘸腿。

（3）有效疫苗选择。疫苗接种前，首先要鉴别疫苗是否过期、失效、效价是否高。疫苗瓶是否有裂损，如果有就不能使用。注射前和注射过程中应该轻轻摇晃疫苗瓶，使疫苗液混合均匀。

（4）器械消毒。所有接种用的器械，如注射器、针头等，用温热方法高压灭菌或用洁净水加热煮沸消毒至少15分钟。严禁使用化学方法消毒。

（5）免疫方法。为了防止传染病发生，必须有计划地进行免疫接种。羊用疫苗（菌苗）主要有：炭疽疫苗、布氏杆菌疫苗、破伤风抗毒素、羊快疫、猝疽、肠毒血症三联苗、羔羊痢疾、羊黑疫、快疫混合苗、羊痘苗、链球菌苗、口蹄疫疫苗，等等。在预防过程中，应选用针对本地区疾病的疫苗，确定合适的防疫时间，严格按照疫苗规定的免疫接种途径选用适当的免疫方法。

（6）疫苗当天开启当天用完。疫苗入库应做好记录，使用时采取"先入先用"的原则。每瓶疫苗开瓶使用后，瓶内剩余的疫苗用蜡封闭住针孔，放入2~8℃冰箱内保存。取出时间超过24小时的疫苗，不能继续使用。使用疫苗后，所有疫苗的包装（如疫苗瓶）、使用过的酒精棉球、碘酊棉都要集中销毁。如果随便扔在户外或草地里会成为疾病传染源。

（7）注意事项：

①应该是肌肉注射的，不可注入皮下或脂肪层，否则容易造成肿块和注射部位糜烂。注射器未消毒或消毒不彻底，针头更换不及时也容易导致注射

部位糜烂。

②对个体较小、营养状况不良的羊只，适当减少疫苗注射量，以免出现疫苗过敏情况。

③患病期间的羊只，待康复后两周再注射疫苗。否则会加重病情，甚至导致死亡。

④为避免怀孕母羊流产，注射疫苗时动作要轻，更不能惊吓。

5. 预防驱虫方法

驱虫是提高羊群生长速度和饲料报酬的重要措施。在寄生虫病发生季节到来之前，用药物给羊群进行预防性驱虫，能有效的预防寄生虫病。在实际生产中，应根据本地羊体寄生虫病流行情况，选择合适的药物和给药时间、给药途径，才能获得较好的驱虫效果。一般，应掌握以下几个要点：

（1）科学选用驱虫药。应选择广谱、高效、安全、价格便宜、使用方便，可以同时驱除羊体内外寄生虫，而且对环境没有污染的驱虫药。

（2）合理选择驱虫时间。根据对本地羊寄生虫区系季节变化的调查结果，确定驱虫时间。为了利于羊只抓膘及健康越冬，一般选择在秋季和春季驱虫为好。针对不同羊群，具体的驱虫时间分别是：

①种公羊。在每年 2 月、6 月、10 月，分别使用广谱驱虫剂驱虫 3 次。引进种羊时及后备羊转入生产区前也要进行驱虫。

②怀孕母羊。可在产前 2 周进行驱虫，可以在饲料中拌入安全性能较高的驱虫药物和抗生素，让羊自由采食，连用 5～7 天。

③羔羊。在羔羊 42～56 日龄时进行第一次驱虫，可连用 5～7 天。在第一次用药结束后 7～10 天，再投药 1 次，连用 5～7 天，可以把虫卵孵化发育的幼虫杀灭。早期驱虫，可以明显提高羔羊的生长速度和饲料报酬。另外，生长育肥羊也要驱虫，可在 4 月龄时进行。

（3）正确使用驱虫方法。驱虫药如果是拌入饲料使用，喂前应先停喂一次饲料，使拌有药物的饲料能让羊一次全部吃完。这样可以节省药物，并提高驱虫效果。对 20 日龄以下的羊最好暂不使用驱虫药，后期根据寄生虫优势种流行的特点和规律，再选择驱虫药、驱虫时间。

（4）注意事项：

①使用量：应多次小剂量使用，效果比一次大计量使用要好的多。

②特别注意：由于丙硫苯咪唑对胚胎有致畸作用，所以对怀孕母羊使用该药时要特别谨慎，最好在配种前驱虫。

③加强对羊舍的消毒：驱虫后 7～10 天排出的粪便，清扫干净、堆积起来进行无害化处理（焚烧或深埋），以防止排出的虫体和虫卵被羊吃了，重新感染。

④仔细观察驱虫效果：驱虫药物对疥螨的药效并不是立刻见效，一般须在投药后 2 周才可见到较明显的效果。所以，驱虫时应仔细观察，如果羊只出现中毒症状（如呕吐、腹泻等）应立即赶出栏舍，让其自由活动，缓解中毒症状。必要时可注射肾上腺素、阿托品等药品解救。

⑤严禁饲养猫、狗等宠物：搞好羊群及羊舍内外的清洁卫生和消毒工作，与此同时，定期灭鼠、灭蝇虫，以消灭中间宿主。严禁在羊场饲养猫、狗等宠物，避免病原传播，尽量减少羊场寄生虫病发生的机会。

（5）驱虫的误区。寄生虫所造成的损失不像一般疾病那样"显而易见"，多表现为生产性能上的损失，如生长缓慢、饲料报酬低下。但是，寄生虫造成的隐性损失是惊人的，如导致母羊繁殖障碍、血液感染性疾病传播，尤其是会影响疫苗的免疫效果。在给羊驱虫过程中，人们往往只重视育肥羊驱虫而忽视母羊的驱虫。实际上，母羊是羊场寄生虫的带虫者和传播源，重视母羊产前驱虫能更好地阻断寄生虫由母羊向羔羊的传播。

（二）传染病的预防与治疗

1. 羊痘

羊痘，俗称"羊天花"或"羊出花"，是由羊痘病毒引起的一种急性、热性、接触性传染病，绵羊、山羊都可能发生，也能传染给人。羊痘的特征是有一定的病程，通常先由丘疹到水疱，再发展到脓疱，最后结痂。绵羊的易感性比山羊大，造成的经济损失也较严重。除了羊只死亡造成的损失外，由于病后恢复期较长，导致羊只营养不良、羊毛品质变差。怀孕病羊常常发生流产，羔羊抵抗力弱、成活率低。因此，必须加强对羊痘的防控。

【流行病学特点】羊痘可在全年任何季节发生，但以春秋两季多发，传播很快。病的重要传染源是病羊。病羊呼吸道的分泌物、痘疹渗出液、脓汁、痘痂及脱落的上皮内都含有病毒，在患病期的任何阶段都有传染性。病的天然传染途径是呼吸道、消化道和受损伤的表皮。受到污染的饲料、饮水、羊毛、羊皮、草场、初愈的羊以及接触的人畜等，都能成为传播的媒介。但病愈的羊能获得终身免疫，以后都不再患此病。

【临床症状】自然感染潜伏期一般 2 ~ 12 天，平均 6 ~ 8 天。发痘前，可见病羊体温升高到 41 ~ 42℃，食欲减退，结膜潮红，从鼻孔流出黏性或脓性鼻涕，呼吸和脉搏增快，过 1 ~ 4 天开始发痘。发痘时，痘疹大多发生在皮肤无毛或少毛的部位，如眼睛周围、唇、鼻翼、颊、四肢和尾内面、阴唇、乳房、阴囊及包皮上。开始为红斑，1 ~ 2 天形成丘疹，凸出皮肤表面，坚实而苍白，随后丘疹逐渐增大，变成灰白色或淡红色半球状隆起的结节（图 36）。结节在 2 ~ 3 天内变成水疱，水疱内容物逐渐增多，中央凹陷，呈脐状，在此期间，病羊体温下降。之后不久水疱变为脓性，不透明，形成脓疱、化脓。如果没有继发感染，几天内脓疱干瘪为褐色痂块，脱落后遗留下灰褐色瘢痕而痊愈，整个病程 14 ~ 21 天。

在该病流行过程中存在个体的差异，有的病羊呈现非典型经过，如，形成丘疹后不再出现其他各期变化；有的病羊痘疹密集，互相融合连成一片，由于化脓菌侵入，皮肤发生坏死或坏疽，全身病状严重；甚至有的病羊在痘疹聚集的部位或呼吸道和消化道发生出血。

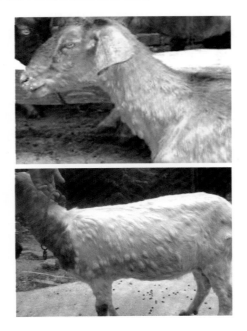

图 36　羊痘

【病理变化】特征性的病理变化主要见于皮肤及黏膜，尸体腐败迅速。皮肤上，尤其是毛少的部分可以看到不同时期的痘疮。呼吸道黏膜有出血性炎症，有时有增生性病灶，呈灰白色，圆形或椭圆形，直径约1厘米。气管及支气管内充满混有血液的浓稠黏液。有激发病症时，肺有肝变区。消化道黏膜也有出血性炎症，特别是在肠道后部，可发现不深的溃疡，有时也有脓疱。病势剧烈时，前胃及真胃内有水疱，间或在瘤胃有丘疹出现。淋巴结水肿、多汁而发炎。肝脏有脂肪变性病灶。

【预防】

（1）加强饲养管理。圈舍要经常打扫，保持干燥清洁，抓好秋膘。冬春季节要适当补饲，提高机体抵抗力，做好防寒过冬的准备工作。

（2）免疫接种。羊痘常发地区，每年应定期进行预防接种。绵羊无论大小一律在尾内侧或股内侧皮内注射0.5毫升羊痘鸡胚化弱毒羊体反应冻干疫苗。山羊注射山羊痘活疫苗，注射部位及用量与绵羊羊痘疫苗相同。对2～3周羔羊接种羊痘活病毒疫苗可终生免疫，4～6天可产生免疫力，免疫力为1年。

（3）严格隔离和消毒。病羊、死羊要严格消毒并深埋，如果需要剥皮利用，注意消毒防疫措施，防止病毒扩散。定期对环境和用具进行清洁和消毒，消毒剂可选用2%氢氧化钠、2%福尔马林、30%草木灰水、10%～20%石灰乳或含2%有效氯的漂白粉液等。

【治疗】

发生羊痘时，病羊立即隔离，环境、用具应消毒。同群的假定健康羊只，应圈养或在特定范围内放牧，密切观察，并做好隔离和消毒工作。必要时就地封锁，封锁期为两个月。

处方1：

紧急接种同群的健康羊和受威胁羊。疫苗用量和注射部位，详见前面【预防】措施。

处方2：

羊痘康复血清或高免血清，预防量：小羊2.5～5毫升，成年羊5～10毫升；治疗量加倍，皮下注射。

10%病毒唑注射液（食品动物禁用）1～2.5毫升，肌肉注射，每天1次，连用3天。

30%安乃近注射液3～10毫升，肌肉注射；或复方氨基比林注射液5～10毫升，皮下注射或肌肉注射。

0.1% 高锰酸钾溶液 500 毫升，患部清洗；或碘甘油 100 毫升，患部涂抹。

2.5% 恩诺沙星注射液 5 毫升，或用 5% 氟苯尼考注射液，5 ~ 20 毫克/千克体重；或用 20% 长效土霉素注射液 0.05 ~ 0.1 毫升/千克体重，肌肉注射，每天 1 次，连用 3 天。

10% 葡萄糖注射液 100 ~ 500 毫升，静脉注射，每天 1 次，连用 3 天。

处方 3：

葛根汤：葛根、紫草、苍术各 15 克，黄连 10 克（或黄柏 15 克），白糖、绿豆各 30 克，水煎灌服。每天 1 次，连服 3 剂。

2. 羊布氏杆菌病

布氏杆菌病，也叫布鲁菌病，简称"布病"，是由布鲁杆菌属细菌引起的人畜共患的一种慢性传染病。临床病理特征为生殖器官和胎膜发炎，引起流产、不育和一些器官的局部增生性病变。

【流行病学特点】布氏杆菌病是一种细胞内寄生的病原菌，主要侵害动物的淋巴系统和生殖系统。病畜主要通过流产物、精液和乳汁排菌，污染环境。母羊比公羊发病多，成年羊比幼年羊发病多。在母畜中，第一次妊娠母畜发病较多。带菌动物，尤其是病畜的流产胎儿、胎衣是主要传染源。呼吸道、消化道、生殖道是主要的感染途径，此外也可以通过损伤的皮肤、黏膜等感染，常呈地方流行性。人主要通过皮肤、黏膜、消化道和呼吸道感染。

【临床症状】潜伏期一般为 14 ~ 180 天。最明显的症状是怀孕母羊发生流产，多发生在妊娠后第三或第四个月。流产前，食欲减退、口渴、阴道流出黄色黏液等，流产胎儿多为弱胎或死胎。流产后阴道持续排出黏液或脓性分泌物，易发生子宫内膜炎，发情后屡配不孕。新发病的畜群流产较多，老疫区畜群发生流产的较少，但发生子宫内膜炎、乳房炎、关节炎、胎衣滞留、久配不孕的较多。公羊往往发生睾丸炎、附睾炎或关节炎。有些病例出现体温升高和后肢瘫痪。

【病理变化】

尸体剖检可见胎膜呈淡黄色胶冻样浸润，充血或出血，有的发生水肿和糜烂，且覆盖纤维素性渗出物。胎衣不下者，通常产道流血。流产胎儿呈败血症变化，浆膜和黏膜发生瘀点和瘀斑，皮下组织出血或水肿，全身淋巴结发生急性炎症变化，肝脏有多发性小坏死灶。发生关节炎时，腕关节、跗关节肿大，出现滑液囊炎病变。公羊发生附睾炎，阴囊皮肤水肿，鞘膜腔积液，使阴囊下垂呈桶状。慢性期附睾尾肿大，表面呈结节状，质地较硬。肝、脾、肾出现坏死灶。

【预防】

（1）创建无病羊群。坚持自繁自养，必须引种时，经严格检疫后隔离饲养2个月，确认安全才可混群。羊群每年检疫1~2次，发现带菌羊只应及时淘汰，并做好日常隔离和消毒工作。

（2）免疫接种。猪布鲁菌2号弱毒活苗（简称S2苗），用于预防绵羊、山羊、牛和猪的布鲁菌病。绵羊每头50亿活菌，山羊每头25亿活菌，皮下或肌肉注射。也可口服免疫，绵羊和山羊无论年龄大小，每头一律口服100亿活菌，免疫持续期为3年。羊布鲁菌5号弱毒活苗（简称M5苗），用于预防牛羊布鲁菌病，羊10亿活菌，皮下注射，配种前1~2个月进行，怀孕母羊禁用，免疫持续期1年半。

（3）防止职业人群感染。凡是在养殖场（特别是接产人员）、屠宰场、动物产品加工厂工作的人员以及兽医、实验室工作人员，都必须严格遵守防护制度，防止人感染此病（症状有持续低热、关节炎、生殖器感染等），必要时可用疫苗皮上划痕接种。

【治疗】发现疑似疫情，畜主应限制动物移动，立即隔离疑似患病动物；同时，应当及时向当地动物防疫监督机构报告。应对患病动物污染的场所、用具、物品等进行严格消毒。饲养场的金属设施或设备采取火焰、熏蒸等方式消毒，圈舍、场地和车辆等可选用2%的氢氧化钠溶液消毒，饲料、垫料等深埋发酵或焚烧，粪便消毒采取堆积密封发酵，皮毛消毒用环氧乙烷、福尔马林熏蒸。患病动物及其流产胎儿、胎衣、排泄物、乳、乳制品等进行无害化处理。

处方1：

20%长效土霉素注射液，0.05~0.1毫克/千克体重，肌肉注射，每天或隔日1次，连用7次。

链霉素，10~15毫克/千克体重，注射用水5~10毫升，肌肉注射，每天2次，连用7天。

处方2：

5%氟苯尼考注射液，5~20毫克/千克体重，每天或隔日1次，连用7次。

处方3：

复方新诺明片，20~25毫克/千克体重，碳酸氢钠片2克，加水灌服，每天 2 次，连用 3 ~ 7 天。

庆大霉素注射液 8 万 ~ 12 万单位，肌肉注射，每天 2 次，连用 7 天。

3. 羊口蹄疫

口蹄疫，俗称"口疮"，是由口蹄疫病毒引起的主要侵害偶蹄动物的急性、热性、高度接触性人畜共患病。特征是口腔黏膜、蹄部和乳房等皮肤出现水疱和烂斑。该病传播快，发病率高，传播途径广，病原复杂多变，可造成巨大的经济损失。

【流行病学特点】在牧区口蹄疫常从秋末流行，冬季加剧，春季减弱，夏季基本平息。该病多呈良性过程，病程一般为 2 ~ 3 周。成年羊的发病率可达 80% 或更高，但死亡率低。羔羊的发病率可达 90%，死亡率高达 65%。患病动物及带毒动物是该病最主要的传染源，病初的动物是该病最危险的传染源。病畜的水疱皮、水疱液、唾液、粪、奶和呼出的气体中都含有大量致病力很强的病毒，当食入或吸入这些病毒时，便可引起感染。环境的污染也可造成该病的传播，如污染的水源、棚圈、工具和接触过病畜人员的衣物、鞋帽等都是可能的传染源。在条件允许时病毒可随风远距离传播。

【临床症状】病羊体温升高，精神不振，食欲减退，反刍减少或停止。水疱破溃后，体温降到正常，全身症状好转。口腔损害常在唇内、齿龈、舌面及颊部黏膜发生水疱和糜烂，病羊疼痛，流涎，涎水呈泡沫状（图 37）。蹄部损害常在趾间及蹄冠皮肤，表现红、肿、热、痛，继而发生水疱、烂斑。病羊蹄部疼痛，发生跛行，常降低重心小步急进，甚至跪地或卧地不起。如单纯口腔发病，一般 1 ~ 2 周可痊愈。当累及蹄部或乳房时，需要 2 ~ 3 周才能痊愈。一般呈良性经过，死亡率不超过 1% ~ 2%。羔羊发病则表现为恶性口蹄疫，发生心肌炎，有时呈出血性胃肠炎而死亡，死亡率可达 20% ~ 50%。怀孕母羊常发生流产。

【病理变化】除口腔、蹄部皮肤等出现水疱和溃烂外，可见咽喉、气管、支气管和前胃黏膜有烂斑和溃疡，皱胃和大、小肠黏膜可见有出血性炎症。心包膜有出血斑点，心脏有心肌炎病变，心肌松软，心肌切面有灰白或淡黄色斑点或条纹，称为虎斑心，心脏似煮熟样。

【预防】

（1）无病地区严禁从有病国家或地区引进动物及动物产品、饲料、生物制品等。引进动物及其产品，应严格执行检疫、隔离、消毒程序。

（2）口蹄疫流行地区，应坚持免疫接种。应选用与当地流行毒株同型

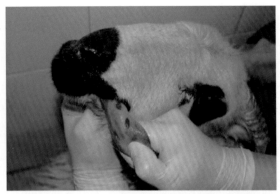

图 37 羊口蹄疫

的疫苗接种，羊每只 1 毫升，肌肉注射，15～21 天后加强免疫 1 次，免疫持续期为 4 个月。

【治疗】 发现病畜疑似口蹄疫时，应立即报告兽医站等部门。病畜就地封锁，所用器具及污染地面用 2% 氢氧化钠溶液消毒。确认后，立即进行严格封锁、隔离、消毒及防治等一系列工作。发病畜群扑杀后要无害化处理，工作人员外出要全面消毒，病畜吃剩的草料或饮水要烧毁或深埋。畜舍及附近用 2% 氢氧化钠、二氯异氰尿酸钠（含有效氯≥20%）或 1%～2% 福尔马林喷洒消毒。对疫区周围的羊只，选用与当地流行的口蹄疫毒型相同的疫苗，进行紧急免疫接种。

处方：

哺乳母羊或哺乳羔羊患病时，立即断奶，羔羊人工哺乳或饲喂代乳料。

同型的口蹄疫高免血清按 1 毫升/千克体重，肌肉注射，每天 1 次，连用 2 天。

安乃近注射液 3~10 毫升，肌肉注射，每天 1 次，连用 3 天。

0.1%高锰酸钾液或食醋、0.2%福尔马林冲洗创面，之后涂碘甘油或 1%~2%明矾液，或撒布冰硼散。蹄部病变时，上述处理后用绷带包裹，不可接触湿地。乳房可用肥皂水或 2%~3%硼酸水清洗，然后涂以青霉素软膏或其他刺激性小的防腐软膏。

4. 炭疽

炭疽是由炭疽杆菌引起人畜共患的一种急性、热性、败血性传染病。临床特征为突然发病、发热、脾脏显著肿大，皮下及浆膜下结缔组织出血，血液凝固不良，呈煤焦油样。

【流行病学特点】炭疽呈地方性流行，发生有一定季节性，多发于 6~8 月，也可常年发病。特别是在干旱或多雨、洪水泛滥和吸血昆虫滋生环境下都可促进炭疽暴发。病畜是主要传染源，接触感染是本病流行的主要途径，主要通过消化道、呼吸道及皮肤伤口感染，或被带菌的昆虫叮咬，也可致病。

【临床症状】该病潜伏期一般为 3~6 天，有的可达 14 天，绵羊可以短至 12~24 小时。羊多为急性发作，表现为突然倒地，全身痉挛，磨牙，站立时摇摆不稳，体温升高到 42℃，呼吸困难，黏膜发绀，天然孔流出带有气泡的黑红色液体，在几分钟内死亡。病程发展稍慢者，常出现兴奋不安，呼吸急促，黏膜发绀，精神沉郁，卧地不起，天然孔流出血水等症状，在数小时内死亡。有的羊只出现体温升高和腹痛等症状。

【病理变化】因炭疽杆菌一旦形成芽孢，在干燥的土壤中可存活数十年，所以患炭疽病病死羊禁止解剖，只有在具备严格的防护、隔离、消毒条件下方可剖检。最急性死亡的病例腹部膨胀，口、鼻、肛门流血样泡沫或不凝固的血液。头、颈、腹下皮肤发生胶冻样浸润，并可扩散到肌肉深层。血凝不良，暗红色，呈煤焦油状，脾脏肿大，比正常的肿大 3~5 倍，质地脆，暗红色，切面充满煤焦油样的脾髓和血液。淋巴结肿大，出血，切面呈深红至暗红色。肺脏充血，水肿。胃肠道有出血性、坏死性炎症变化，有时可在肠黏膜上出现炭疽痈。心包及心内膜、外膜出血，气管及支气管有大量血样泡沫。胸腹腔有血样渗出物。尸体极易腐败。

【预防】在疫区或常发地区，每年对易感动物进行预防注射（1 岁内的

羊不注射），常用的疫苗有无毒炭疽芽孢苗（绵羊 0.5 毫升，皮下注射）和
Ⅱ号炭疽芽孢苗（绵羊和山羊 1 毫升，皮下注射），接种 14 天后产生免疫
力，免疫期为 1 年。

【治疗】发现病羊，立即将病羊和可疑羊进行隔离，迅速上报相关部
门。尸体禁止剖检和食用，应就地深埋。病死动物躺过的地面应除去表土
15~20 厘米，并与 20% 漂白粉混合深埋，环境严格消毒，污物用火焚烧，
相关人员加强个人防护。已确诊的患病动物，一般不予治疗，而应严格销
毁。如必须治疗时，应在严格隔离和防护条件下进行。

处方 1：

抗炭疽高免血清，预防剂量 16~20 毫升，治疗剂量 50~120 毫升，皮
下或静脉注射，每天 1 次，连用 2 次。

青霉素 5 万~10 万单位/千克体重，链霉素 10~15 毫克/千克体重，注
射用水 10~20 毫升，肌肉注射，每日 1~2 次，连用 3~5 日。

处方 2：

青霉素 500 万~1 000 万单位，生理盐水 500 毫升，静脉注射，每天 2
次，连用 3~5 天。

庆大霉素注射液 8 万~12 万单位，肌肉注射，每天 2 次，连用 3~
5 天。

处方 3：

10% 葡萄糖注射液 500 毫升，磺胺嘧啶钠注射液 70~100 毫克/千克体
重，每天 2 次，连用 3~5 天。

5. 巴氏杆菌病

羊巴氏杆菌病，也称羊出血性败血病，是由多杀性巴氏杆菌和溶血性巴
氏杆菌引起的一种传染性疾病，多见于羔羊，绵羊发病较重。临床特征为急
性病例发热、流鼻涕、咳嗽、呼吸困难、败血症、肺炎、炎性出血和皮下
水肿。

【流行病学特点】该病无明显季节性，多散发，也可呈地方流行性。多
发于羔羊和绵羊，各种年龄的绵羊均易感，山羊也易发生，多呈慢性经过。
该病主要经消化道、呼吸道传染，也可通过吸血昆虫叮咬或经皮肤、黏膜的
创伤感染。

【临床症状】患该病羊群的死亡情况有最急性死亡、急性死亡和慢性死
亡，症状按病程长短可分为最急性、急性和慢性三种。最急性多见于哺乳羔

羊，突然发病，出现寒战、瘦弱、呼吸困难等症状，于数分钟至数小时内死亡。急性病羊，精神沉郁，体温升高到 41～42℃，咳嗽，鼻孔常有出血，有时混有黏性分泌物。初期便秘，后期腹泻，有时粪便呈血水样。病羊常在严重腹泻后虚脱而死，病期 2～5 天。慢性病程可达 3 周，病羊消瘦，不思饮食，流黏脓性鼻液，咳嗽，呼吸困难。有时颈部和胸下部发生水肿。有角膜炎，腹泻。临死前极度瘦弱，体温下降。

【病理变化】羔羊病变主要在胸腔器官和肝脏上，剖检可见胸腔中集有大量的淡黄色浆液，肺充血、淤血、色泽黯淡，体积肿大，肺间质增宽，个别的在局部肺浆膜下积有液体，有波动感，肺切面外翻，流出淡粉红色泡沫样液体。心叶有小块组织质地变硬，浆膜下有胶冻样物质浸润，分不清间质纹理。肺门淋巴结肿大，色泽暗红，切面外翻，流出淡红色液体。多数病例在气管中充有泡沫样液体，心包膜内积有浑浊的黄色液体，心肌扩展。肝脏淤血，外表散有灰白色米粒大小的坏死灶，胆囊肿大、充盈。肠壁充血，肠系膜淋巴结出血、水肿。成羊与羔羊类似，但肺部多表现局部灶性质地变硬，浆膜下有明显的胶冻物，外观如大理石样。肋胸膜附有纤维素假膜，消化道糜烂，肺切面有颗粒感。心包液浑浊，混有绒毛样物质，心肌外膜上粘连绒毛样物。

【预防】加强饲养管理，供给全价配合饲料和优质饲草，合理分群，不过度放牧，避免各种应激因素的影响，保持圈舍卫生，定期严格消毒，发现病羊立即隔离治疗。对病死羊消毒、深埋并做无害化处理。消除圈舍内及活动场积粪，并对病畜活动的圈舍、场地、接触过的用具用 1∶400 新申抗毒威喷雾或清洗。对粪尿等排泄物用 20% 漂白粉彻底消毒。用百毒杀溶液对干净用具和舍内外喷雾消毒，加强舍内通风换气。患病期间不得外卖和引入羊只，避免疫情蔓延。

【治疗】治疗原则为加强护理，早期诊断和抗菌消炎。

处方1：
5% 氟苯尼考注射液，5～20 毫升/千克体重，肌肉注射，每天或隔日 1 次，连用 3～5 次。

处方2：
20% 长效土霉素注射液，0.05～0.1 毫克/千克体重，肌肉注射，每天或隔日 1 次，连用 3～5 次。

处方3：
酒石酸泰乐菌素注射液，2～10 毫克/千克体重，皮下或肌肉注射，每天 2 次, 连用 3 天。

处方 4:

青霉素 5 万～10 万单位/千克体重, 链霉素 10～15 毫克/千克体重, 注射用水 10 毫升, 肌肉注射, 每天 1～2 次, 连用 3 天。

处方 5:

环丙沙星注射液 2.5～5 毫克/千克体重, 肌肉注射, 每天 1～2 次, 连用 3 天。

处方 6:

磺胺间甲氧嘧啶注射液 50 毫克/千克体重, 肌肉注射, 每天 2 次, 连用 3 天。

6. 羊快疫

羊快疫是由腐败梭菌引起的一种急性传染病。羊突然发病, 病程极短, 其特征为真胃黏膜呈出血性炎性损害, 主要发生在绵羊。

【流行病学特点】常呈地方性流行, 发病率 10%～20%, 病死率为 90%。年龄多在 6～18 个月, 一般经消化道感染。腐败梭菌通常以芽孢体形式散布于自然界。羊的消化道平时就有这种细菌存在, 但并不发病。当存在不良的外界诱因, 特别是在秋、冬季和初春气候骤变、阴雨连绵之际, 羊只受寒感冒或采食了冰冻带霜的草料, 机体遭受刺激, 抵抗力减弱时容易诱发该病。该菌如经伤口感染, 则可引起恶性水肿。

【临床症状】羊突然发病, 往往未表现出临床症状即倒地死亡, 常常在放牧途中或在放牧场死亡, 也有早晨发现死在羊圈舍内的。有的病羊离群独居, 卧地, 不愿意走动, 强迫行走时运步无力, 运动失调。腹部臌胀, 有疝痛表现。有的病羊体温升高到 41.5℃, 但有的体温正常。发病羊极度衰竭、昏迷, 至发病后数分钟或几天内死亡。羊尸体迅速腐败, 天然孔流出血样液体。可视黏膜充血、呈蓝紫色。

【病理变化】皮下呈出血性胶冻样浸润, 心包腔、胸腔、腹腔积有大量液体, 心内、外膜有较多出血点。肝脏肿大, 浆膜下可见到黑红色界限明显的斑点, 切面有淡黄色的病灶, 胆囊多肿胀。前胃黏膜自行脱落, 并附着在胃内容物上, 瓣胃内容物干涸, 如薄刀片样, 挤压不易破碎, 皱胃呈出血性炎症变化, 黏膜充血、肿胀, 黏膜下层水肿, 在胃底部及幽门附近可见大小不等的出血斑点, 有时见溃疡和坏死。肠道内充满气体, 黏膜充血、出血, 严重者出现坏死和溃疡, 肾脏软化。

【预防】由于本病的病程短促，往往来不及治疗，因此，必须加强平时的防疫措施。

（1）加强饲养管理。防止羊群受寒冷刺激，严禁饲喂冰冻饲草料，避免在清晨、污染地和沼泽地放牧，保持羊舍卫生，定期消毒（可用 3% 氢氧化钠液、20% 漂白粉乳剂、1% 复合酚液或 0.1% 二氯异氰尿酸钠液）。

（2）免疫接种。在本病常发地区，每年可定期注射 1～2 次羊快疫、猝狙二联菌苗或快疫、猝狙、肠毒血症三联苗（无论羊只大小，一律皮下或肌肉注射 5 毫升，保护期半年以上）。由于吃奶羔羊产生主动免疫力较差，所以在羔羊经常发病的羊场，应对怀孕母羊在产前进行 2 次免疫，第一次在产前 1～1.5 个月，第二次在产前 15～30 天，在发病季节羔羊也应接种菌苗。

【治疗】对于病死羊要及时焚烧并深埋，防止病原扩散。隔离病羊，抓紧治疗，环境彻底消毒（20% 漂白粉乳剂、3% 氢氧化钠液）。羊群紧急接种疫苗，并迅速转移到干燥放牧场，注意饮水卫生。治疗原则为早期诊断，早期抗菌治疗。

处方 1：

青霉素 5 万～10 万单位/千克体重，注射用水 5～10 毫升，肌肉注射，每天 1～2 次，连用 3～5 天。严重时全群注射。

处方 2：

20% 长效土霉素注射液 0.1 毫克/千克体重，肌肉注射，每天或隔日 1 次，连用 3 次。严重时全群注射。

处方 3：

青霉素 5 万～10 万单位/千克体重，生理盐水 100～500 毫升，10% 安钠咖注射液 5～10 毫升，地塞米松注射液 4～12 毫克；10% 葡萄糖注射液 250～500 毫升，维生素 C 注射液 0.5～1.5 克，依次静脉注射，每天 1～2 次，连用 3～5 天。

甲硝唑注射液 10 毫克/千克体重，每天 1 次，连用 3 天。

处方 4：

10% 磺胺嘧啶注射液 70～100 毫克/千克体重，10% 葡萄糖注射液 250～500 毫升静脉注射，每天 2 次，连用 3 天。

7. 羊猝狙

羊猝狙，又称"C 型肠毒血症"，是由 C 型产气荚膜梭菌引起的一种毒血症，以急性死亡为特征，伴有腹膜炎和溃疡性肠炎，1~2岁绵羊易发。

【流行病学特点】羊猝狙发生于成年羊，以1~2岁绵羊发病较多。该病多发于冬春季节，常呈地方流行，常见于低洼、沼泽地区。常与羊快疫合并发生。病羊和带菌羊为该病的主要传染源，主要是食入被该菌污染的饲草料及饮水等，经消化道感染。

【临床症状】病原随着污染的饲草料和饮水进入羊消化道，在小肠内繁殖，产生毒素，引起羊发病，病程短促，常未见到症状就突然死亡。有时发现病羊掉群、卧地，体温升高，腹痛不安，衰弱和痉挛，在数小时内死亡。

【病理变化】主要病变是出血性肠炎，小肠的一段或全部呈出血性肠炎变化，有的病例可见糜烂、溃疡。肠系膜淋巴结有出血性炎症。胸腔、腹腔和心包腔有大量渗出液，浆膜有出血点，肾脏肿大，但不软。死后8小时，病菌在肌肉或其他器官继续繁殖，并引起气肿疽的病变，骨骼肌间积聚血样液体，肌肉出血，有气性裂孔，似海绵状。

【预防与治疗】与羊快疫相同。

8. 羊肠毒血症

羊肠毒血症，又称软肾病、类快疫，是魏氏梭菌（D型产气荚膜梭菌）在羊肠道内大量繁殖，并产生毒素所引起的绵羊的急性传染病。该病以发病急，死亡快，死后肾脏多见软化为特征。

【流行病学特点】发病以绵羊为多，山羊较少。通常以2~12月龄膘情好的羊为主。经消化道而发生内源性感染。牧区在春季抢青时和秋季牧草结籽后的一段时间发病较多，农区多发生在收割抢茬季节（或食入大量富含蛋白质饲料时）发病。多呈散发流行，病羊和带菌羊为该病的主要传染源。该菌为土壤常在菌，也存在于污水中。通常羊采食污染的饲草或饮水，经消化道感染。

【临床症状】该病发生突然，很快死亡。病羊死前步态不稳，呼吸急促，心跳加快，全身肌肉震颤，磨牙、甩头、倒地抽搐，头颈后仰，左右翻滚，口鼻流出白色泡沫，可视黏膜苍白，四肢和耳尖发凉，哀鸣，昏迷死亡。体温一般不高，但有血糖、尿糖升高现象。

【病理变化】肾脏软化如泥样，体腔积液，心脏扩张，心内、外膜有出血点（图38）。皱胃内有未消化的饲料，肠道特别是小肠充血、出血；严重者，整个肠段肠壁呈血红色或有溃疡。肺脏出血、水肿，胸腺出血，脑膜血管怒张。

图 38　羊肠毒血症

【预防】

（1）加强饲养管理。夏季避免羊只过食青绿多汁饲料，秋季避免采食过量结籽牧草；注意精、粗饲料的搭配，避免突然更换饲料或饲养方式；搞好圈舍卫生，提供良好环境条件；多运动。

（2）免疫接种。每年定期接种羊快疫、羊肠毒血症、羊猝狙三联苗，无论羊只大小，均皮下或肌肉注射 5 毫升，保护期半年以上；或接种羊厌氧菌七联干粉苗，稀释后无论羊只大小，均皮下或肌肉注射 1 毫升，保护期半年以上。初次免疫后，需间隔 2 ~ 3 周再加强 1 次。

【治疗】病死羊及时焚烧或深埋，防止病源扩散；隔离病羊，抓紧治疗，环境彻底消毒。羊群紧急接种疫苗，并迅速转移到干燥草场放牧。减少青绿多汁饲料，增加青干草，注意饮水卫生。治疗原则为早期诊断，早期抗菌治疗。另外，羊快疫治疗的处方同样适用于羊肠毒血症。

9. 羊破伤风

破伤风，也叫强直症，俗称锁口风、耳直风，是由破伤风梭菌经伤口深部感染引起的一种急性中毒性人畜共患病。特征为全身或部分肌肉发生痉挛性收缩，表现出强硬状态。该病分布广泛，多呈散发。

【流行病学特点】该病的病原破伤风梭菌在自然界中广泛存在，人和动物的粪便都可能带有，特别是施肥的土壤、腐臭淤泥中。病原必须经伤口传播。羊经创伤感染破伤风梭菌后，如果创内具备缺氧条件，病原体在创内生长繁殖产生毒素，刺激中枢神经系统而发病。常见于外伤、阉割、断尾和分娩断脐带等消毒不严而感染。在临床上有不少病例往往找不出创伤，这种情况可能是因为在破伤风潜伏期中创伤已经愈合，也可能是经胃肠黏膜的损伤而感染。该病以散发形式出现，多见于羔羊和产后母羊。

【临床症状】潜伏期1~2周，最短的1天。成年羊病初症状不明显，只表现不能自主卧下或起立。到病的中后期才出现特征性症状，表现为四肢逐渐强硬，高跷步态，开口困难到牙关紧闭，流涎，瘤胃臌胀，角弓反张等（图39）。病羊易惊，但奔跑中常摔倒，摔倒后四肢仍呈"木马样"开叉，急于爬起，但无法站立。体温一般正常，死前可升高至42℃。母羊的强直症多发生在产死胎或胎衣停滞之后。羔羊多因脐带感染，病死率很高。

图39　羊破伤风

【病理变化】临床上剖检一般无明显病理变化，通常多见窒息死亡的病变，血液呈暗红色且凝固不良，黏膜及浆膜上有小出血点，肺脏充血及高度水肿。感染部位的外周神经有小出血点及浆液性浸润。心肌呈脂肪变性，肌间结缔组织呈浆液性浸润，并伴有出血点。

【预防】

（1）一般预防措施：严格处理伤口，防止感染。加强饲养管理，防止发生外伤，如发生外伤，尽快用0.1%新洁尔灭溶液等清洗，然后涂抹2%~5%碘酊。羔羊断脐或进行各种手术时，注意消毒，涂抹2%~5%碘酊或撒布青霉素粉。母羊产后可用青霉素、链霉素进行子宫灌注和肌肉注射，防止产道感染。

（2）免疫预防：破伤风常发生的羊场，可注射破伤风毒素，山羊、绵羊皮下注射0.5毫升。平时注射1次即可，受伤时再注射1次。

【治疗】治疗原则为加强护理，清创，抗菌，解毒，解痉和对症治疗。

（1）创伤处理：彻底清除伤口内的脓汁、坏死组织及污物痂皮等，用5%～10%碘酊、3%过氧化氢或1%高锰酸钾消毒，缝合伤口，并结合用青霉素、链霉素在创面周围注射。

（2）药物注射：病初肌肉或静脉注射破伤风抗毒素，肌肉注射青霉素。若惊厥严重，肌肉强直，可肌肉或静脉注射硫酸镁。初期应用破伤风抗毒素5万～10万国际单位，肌肉注射或静脉注射，以中和毒素。为了缓解肌肉痉挛可用氯丙嗪0.002克/千克体重或25%硫酸镁注射液10～20毫升肌肉注射，并配合应用5%的碳酸氢钠100～200毫升静脉注射。对长期不能采食的病羊，还应每天补糖补液。当羊牙关紧闭时，可用3%普鲁卡因5毫升和1%肾上腺素0.2～0.5毫升混合注入咬肌。

（3）病羊补液：对长期不能采食的病羊，每天还需补液。

（4）中药：可采用防风散（防风8克，天麻5克，羌活8克，天南星7克，炒僵蚕7克，清半夏4克，川芎4克，炒蝉蜕7克），连用3剂，隔天1次，能缓解症状，缩短病程。

可用蔓荆子、天南星、防风各8克，红花、僵蚕、全蝎各6克，甘草1克，薄荷、羌活各5克，桂枝、麻黄各3克，水煎2次，胃管送服。

10. 羔羊痢疾

羔羊痢疾是由 B 型魏氏梭菌引起的出生羔羊的一种急性毒血症，以剧烈腹泻和小肠发生溃疡为特征。本病可使羔羊发生大批死亡，给牧户带来重大经济损失。

【流行病学特点】主要发生在 7 日龄以内的羔羊，尤其是 2～3 日龄羔羊发病最多。当母羊孕期营养不良，羔羊体质瘦弱，加之气候骤变、寒冷侵袭、哺乳不当、饥饱不均或卫生不良时容易发生。病羊及带菌羊是该病的主要传染源。可通过羔羊吮乳、食入被该菌芽孢污染的饲草料、饮水，或经由饲养员手和羊粪便而进入羔羊消化道而感染，也可通过脐带或创伤感染。

【临床症状】自然感染的潜伏期为 1～2 天。病初，精神沉郁，低头拱背，不想吃奶。随后发生腹泻，粪便恶臭，有的稠如面糊，有的稀薄如水，到了后期，有的还含有血液，直到成为血便。病羔逐渐虚弱，卧地不起。若不及时治疗，常在 1～2 天内死亡。以神经症状为主的患病羔羊，四肢瘫软，卧地不起，呼吸急促，口流白沫，最后昏迷，头向后仰，体温下降，常在数小时到十几小时内死亡。

【病理变化】 患病羔羊严重脱水，皱胃内存在未消化的凝乳块，小肠（特别是回肠）黏膜充血发红，溃疡周围有一出血带环绕，有的肠内容物呈血色。肠系膜淋巴结肿胀充血，间或出血。心包积液，心内膜有时有出血点。肺常有充血区域或瘀斑。

【预防】

（1）加强妊娠母羊饲养管理：供给全价配合饲料和优质饲草，使母壮羔肥，从而增强羔羊抗病能力。

（2）搞好卫生工作：保证羊舍舒适卫生，冬季保暖，夏季防暑。产羔前对产房进行严格消毒（可用1%～2%热氢氧化钠液或20%～30%石灰水），注意接产卫生，脐带严格消毒，辅助羔羊吃奶。

（3）做好预防接种：每年秋季给母羊注射羔羊痢疾菌苗或厌气菌五联菌苗，产前2～3周再注射1次，可预防本病发生。

【治疗】 治疗原则为早期诊断，抗菌消炎和对症治疗。

处方1：

5%氟苯尼考注射液20毫克/千克体重，肌肉注射，每天1次，连用3次。严重时，易感羔羊全部注射。

处方2：

磺胺脒片0.1～0.2克/千克体重（或复方新诺明片20～25毫克/千克体重），碳酸氢钠片0.5～1克，硅炭银片2～4片，次硝酸铋2～4片，颠茄片2～3毫克，加水内服，每天2次，连用3～5天。

供给口服补液盐水。

处方3：

20%长效土霉素注射液0.1毫克/千克体重，肌肉注射，每天1次，连用3次。

处方4：

氧氟沙星注射液2.5～5毫克/千克体重，5%葡萄糖氯化钠注射液20～40毫克/千克体重，地塞米松注射液2～5毫克，盐酸山莨菪碱注射液3毫克，静脉注射，每天1～2次，连用3天。

甲硝唑注射液10～15毫克/千克体重，静脉注射，每天1次，连用3天。

11. 羊链球菌病

羊链球菌病是严重危害山羊、绵羊的疫病。该病是由溶血性链球菌引起的一种急性热性传染病，临床特征主要为发热，下颌和咽喉部肿胀，胆囊肿大和纤维素性肺炎。链球菌最易侵害绵羊，山羊也很容易感染。

【流行病学特点】该病有明显季节性，在冬春寒冷季节（每年11月至次年4月），气候寒冷和营养不良时发生。新发病区呈地方流行性，老疫区多散发。病羊及带菌羊为主要传染源，主要通过消化道和吸呼道；其次，损伤的皮肤、黏膜感染，另外羊虱等吸血昆虫也可传播。

【临床症状】羊病初精神不振，食欲减少或不食，反刍停止，行走不稳；结膜充血，流泪，后流脓性分泌物；鼻腔流浆液性鼻液，后变为脓性；口流涎，体温升高至41℃以上，咽喉、舌肿胀，粪便松软，带黏液或血液；怀孕母羊流产；有的病羊眼睑、嘴唇、颊部、乳房肿胀，临死前呻吟、磨牙、抽搐。急性病例呼吸困难，24小时内死亡。一般情况下2~3天死亡。

【病理变化】本病的突出病变以败血症为主，各脏器广泛出血，淋巴结出血、肿大。鼻、咽喉、气管黏膜出血。肺水肿、气肿和出血，有的呈现肝变区。胸、腹腔及心包积液，肝脏肿大，呈泥土色。胆囊扩张，胆汁外渗。肾脏质地变脆，变软，有贫血性梗塞区。胃肠黏膜肿胀，有的部分脱落。

【预防】

（1）做好管理：加强饲养管理，改善放牧条件，补饲全价配合饲料和优质干草。注意保暖、防风、防冻、防拥挤，不从疫区购买羊及其产品。做好圈舍及用具的消毒工作。

（2）定期消灭羊体内外的寄生虫。

（3）定期免疫：预防注射羊链球菌氢氧化铝甲醛菌苗，不分大小羊只，一律皮下注射5毫升，2~3周后重复接种1次，免疫期可维持半年以上。

【治疗】发病后，对病羊、可疑羊要分别隔离治疗，圈舍、场地、器具等用10%石灰乳或3%来苏儿严格消毒，羊粪及污物等堆积发酵，病死羊进行无害化处理。治疗原则为早期诊断和抗菌消炎。

处方1：

青霉素5万~10万单位/千克体重（或氧氟沙星注射液2.5~5毫克/千克体重），5%葡萄糖氯化钠注射液100~500毫升，地塞米松注射液4~12毫克，静脉注射，每天1~2次，连用3~5天。

30%安乃近注射液3~10毫升，肌肉注射；或复方氨基比林注射液5~10毫升，皮下或肌肉注射，每天1次，连用3天。

处方2：

5%氟苯尼考注射液5~20毫克/千克体重，肌肉注射，每天或隔日1

次，连用 3 次。发病严重时，可全群用药。

处方 3：

注射用头孢噻呋钠 2.2 毫克/千克体重，注射用水 5 毫升，肌肉注射，每天 1 次，连用 3 天。

处方 4：

磺胺间甲氧嘧啶注射液 50 毫克/千克体重，肌肉注射，每天 2 次，连用 3 天。

处方 5：

10% 葡萄糖注射液 500 毫升，10% 磺胺嘧啶钠注射液 70 ~ 100 毫克/千克体重，40% 乌洛托品注射液 2 ~ 8 克，静脉注射，每天 1 ~ 2 次，连用 3 ~ 4 天。

12. 羊传染性胸膜炎

羊传染性胸膜肺炎，又称羊支原体肺炎，是由支原体引起的一种高度接触性传染病。临床上以高热、咳嗽、肺和胸膜发生浆液性和纤维蛋白性炎症为特点，传播快，呈急性或慢性经过，发病率及病死率很高。

【流行病学特点】该病呈地方流行性，一年四季均可发生。阴雨连绵、寒冷潮湿、营养缺乏，羊群密集、拥挤等不良因素易诱发本病。病羊是主要传染源，病肺组织以及胸腔渗出液含有大量病原体，主要经呼吸道分泌物排菌。

【临床症状】潜伏期平均为 18 ~ 20 天。最急性和急性者体温升高到 41℃，精神不振，呆立，发抖，咳嗽，呼吸困难，鼻液为黏液性或脓性，呈铁锈色，粘在鼻孔或上唇。按压胸部敏感疼痛，听诊有水疱音和摩擦音，叩诊肺部有浊音。最急性者 4 ~ 5 天病情恶化，拱背伸颈，衰弱倒地而亡，死前体温降至正常或正常以下。急性病程多为 7 ~ 15 天，有的转为慢性病例。慢性多见于夏季，病情逐渐好转，全身症状轻微，食欲和精神恢复正常。

【病理变化】病变多局限于胸部。打开胸腹腔，可闻到异样的气味或腐败臭味；胸腔内有淡黄色的积液，最多可达 500 ~ 2 000 毫升，常混有腐败的组织，暴露在空气中积液形成纤维蛋白凝块。一侧肺发生明显的浸润和肝样病变，呈红灰色，切面呈大理石样，肺小叶间质增宽，界限明显；支气管淋巴结、纵隔淋巴结肿大；胆囊充盈；肾脏肿大，表面有出血点；胸膜变厚，表面粗糙不平，有的与胸壁发生粘连，有的病例肋膜、胸膜和心包三者发生粘连。

【预防】

（1）加强饲养管理：提供良好的营养和环境条件，做好卫生、消毒工作，新引进的羊只都要经过隔离与免疫。隔离 1 个月以上，确认健康无病方可混群。

（2）免疫接种：该病流行地区，应根据当地病原体的分离结果选择使用疫苗。半岁以下山羊皮下或肌肉注射 3 毫升山羊传染性胸膜肺炎氢氧化铝苗，半岁以上山羊注射 5 毫升，免疫期为 1 年。也可用绵羊肺炎支原体灭活苗免疫。

【治疗】发生该病时，应及时封锁疫点，逐个检查全群羊。对病羊、可疑羊、假定健康羊分群隔离和治疗，对可疑羊和假定健康羊紧急免疫接种。对被污染的羊舍、场地、饲养用具、粪便、尸体等，进行彻底消毒和无害化处理。治疗原则是早期杀菌消炎和对症治疗。

处方 1：

5% 氟苯尼考注射液，5 ~ 20 毫升，肌肉注射，每天或隔日 1 次，连用 3 ~ 5 天。

处方 2：

20% 长效土霉素注射液，0.05 ~ 0.1 毫升/千克体重，肌肉注射，每天或隔日 1 次，连用 3 ~ 5 天。

处方 3：

酒石酸泰乐菌素注射液 2 ~ 10 毫克/千克体重，皮下或肌肉注射，每天 2 次，连用 3 天。

处方 4：

左氧氟沙星注射液 2.5 ~ 5 毫克/千克体重，5% ~ 10% 葡萄糖注射液 500 毫升，地塞米松注射液 4 ~ 12 毫克，盐酸山莨菪碱注射液 5 ~ 10 毫克，静脉注射，每天或隔日 1 次，连用 3 天。

复方氨基比林注射液 5 ~ 10 毫升，皮下或肌肉注射，每天 1 次，连用 2 ~ 3 天。

（三）寄生虫病的预防与治疗

1. 羊肝片吸虫病

羊肝片吸虫病是肝片吸虫、大片吸虫寄生于羊的肝脏、胆管内，引起慢性或急性肝炎、胆管炎，同时伴发全身中毒现象及营养障碍等病症的寄生虫病。该病的临床特征为急性死亡，以及贫血、消瘦和水肿，是羊最主要的一种寄生虫病，主要危害绵羊，特别是羔羊，山羊也有发生。

【流行病学特点】该病多发生在夏秋两季，6—9月为高发季节。在冬季和初春，气候寒冷、牧草干枯，大多数羊消瘦、体弱、抵抗力低，是肝片吸虫病患羊死亡数量最多的时期。常呈地方性流行，发现后往往呈散发，持续几年时间不能根除。

【临床症状】急性型多因短期感染大量吸虫囊蚴所致。病羊初期发热，不食，精神不振，衰老易疲劳，排黏液性血便，触诊肝区有压痛，严重者多在几天内死亡。慢性型主要表现为消瘦，贫血，黏膜苍白或黄染，食欲不振，异嗜，被毛粗乱无光，步行缓慢。在眼睑、颌下、胸腹下出现水肿，便秘与下痢交替发生，最后因极度衰竭而死亡。

【病理变化】肝脏肿大、出血，剖面有数毫米长的暗红色虫道，虫道内有凝固的血液和很小的幼虫（图40）。在胆管中可发现虫体，由于虫体长期的机械性刺激和毒素的作用，引起慢性胆管炎，慢性肝炎和贫血现象。寄生多时，引起胆管扩张、增厚、变粗甚至堵塞、胆汁停滞而引起黄疸。

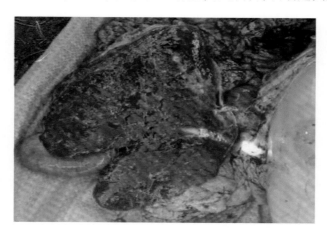

图40 羊肝片吸虫病

【预防】

（1）药物驱虫，对全群羊驱虫。分别在9月下旬、10月各驱虫1次，所有羊只在来年2—3月和10—11月进行2次定期驱虫，用三氯苯唑5~10毫克/千克体重，空腹灌服。

（2）粪便的处理。圈舍内的粪便，每天清除后堆积发酵。对驱虫后排出的粪便，要严格管理，不能乱丢，集中起来堆积发酵处理，防止污染羊舍和草场，杜绝再次感染发病。

（3）放牧地点选择。不到沼泽、低洼潮湿地带放牧。将放牧与舍饲相结合，或由放牧转为全舍饲，加强饲养管理，增强羊群抵抗力，降低死亡率。

（4）饮水卫生。尽量饮用自来水、井水等清洁水源，不饮用低湿、沼泽地带的水。

（5）患病脏器的处理。对有严重病变的肝脏，立即作深埋或焚烧等处理。

【治疗】治疗原则为正确诊断，积极驱虫，对症治疗。

处方1：

三氯苯唑（肝蛭净）5～10毫克/千克体重，内服，对成虫和童虫有效，急性病例5周后应重复给药1次，泌乳期母羊禁用。

处方2：

丙硫苯咪唑片5～15毫克/千克体重，内服，妊娠期母羊禁用。

处方3：

氯氰碘柳胺片10毫克/千克体重，内服；或氯氰碘柳胺注射液5～10毫克/千克体重，肌肉注射。

处方4：

溴酚磷片12～16毫克/千克体重，内服，对成虫和童虫有效。

处方5：

硝碘酚腈片30毫克/千克体重，内服；或硝碘酚腈注射液10～15毫克/千克体重，皮下注射。

2. 羊双腔吸虫病

羊双腔吸虫病是矛形双腔吸虫、中华双腔吸虫等寄生在羊的肝脏、胆管和胆囊内，从而引起以黏膜黄染、消化紊乱、水肿等为特征的寄生虫病。

【流行病学特点】本病呈地方性流行。在我国，尤其在西北各省、内蒙古自治区较为严重。因北方气候寒冷干燥，动物感染明显具有季节性，一般是夏秋季感染，而多在冬季发病。动物随年龄的增加，感染率和感染强度也逐渐增加，感染的虫体数量可达数千条，甚至上万条。虫卵对外界环境的抵抗力较强，在土壤和粪便中存活数月仍有感染性。

【临床症状】病羊的症状，因感染强度不同而有所差异。轻度感染的病羊常不显临床症状。严重感染的病羊表现精神沉郁，食欲不振，黏膜苍白黄染，颌下水肿，腹胀，下痢，行动迟缓，渐进性消瘦，最终因极度衰竭而死亡。有些病羊常继发肝源性感光过敏症，其表现多在阳光明媚的上午放牧时，羊耳及头面部突然发生急性肿胀（水肿），影响采食食物。全身症状恶化，常可引起死亡。不死者肿胀很难消退，往往形成大面积破溃、渗出、结痂或继发细菌感染等。

【病理变化】具有特征性病变的脏器主要是肝脏。肝脏色泽变淡黄色或出现水肿，表面粗糙，胆管显露，特别是在肝脏的边缘部更明显。胆管扩张，内皮细胞易脱落，黏膜面出现出血点或溃疡斑，管壁增生、增厚。胆囊和胆管内有大量虫体。

【预防】以定期驱虫为主。对同一放牧地的所有家畜，每年在秋后和冬季进行定期驱虫。驱虫后将粪便集中堆制处理，利用发酵产热杀死虫卵。注意灭蚊蝇，适当采用烧荒等措施杀灭宿主，也可养鸡灭虫。合理放牧，感染季节选择开阔干燥的草地放牧，尽量避免在中间宿主多的潮湿低洼草地上放牧。

【治疗】治疗原则为正确诊断，积极驱虫，对症治疗。

处方1：

硝氯酚片5毫克/千克体重，内服。

处方2：

丙硫苯咪唑片5~15毫克/千克体重，内服。母羊妊娠期禁用。

处方3：

吡喹酮片60~70毫克/千克体重，全群内服一次。

3. 羊捻转血矛线虫病

羊捻转血矛线虫病，又称羊捻转胃虫病，是由寄生于羊真胃和小肠的捻转血矛线虫所引起的疾病。在我国牧区普遍流行，可引起羊贫血、消瘦、慢性消耗性症状。常导致羊群发生持续性感染，给羊业生产带来致命打击。

【流行病学特点】本病流行季节性强，高发季节开始于4月青草萌发时，5—6月达高峰，随后呈下降趋势，但在多雨、气温闷热的8—10月也易暴发。本病以丘陵山地放牧的羊易感，特别是曾被该病原污染过的草场。在露水草或小雨后放牧最易感染本病，低湿草地有利于本病的传播。羔羊和青年羊发病率及死亡率最高，成年羊抵抗力较强，被感染羊有"自愈"现象（有虫体被排出或不发生再感染的情况）。

【临床症状】以贫血、衰弱和消化系统紊乱为主。急性者多见于羔羊，有的膘情尚好，突然死亡，这多数是由于一次大量感染虫体而引起。一般为亚急性经过，病羊被毛粗乱、消瘦、精神萎靡，行走无力，严重时卧地不起，眼结膜苍白，下颌间或下腹部水肿。大便有时干燥，并带有黏液，很少出现下痢，病程可达 2~3 个月甚至更长，以后因严重消瘦陷于恶病质直到死亡。如不死则转为慢性。慢性者症状不明显，病程可达 7 个月以上。

【病理变化】剖检可见真胃内有大量虫体，吸附在胃黏膜上或游离于胃内容物中；附着在胃黏膜上时如覆盖着毛毯样一层暗棕色虫体，有的绞结成黏液状团块，有些还会慢慢蠕动。病死羊尸体消瘦，尸僵不全，血液稀薄，呈淡红色不易凝固。胸腔、腹腔内常有中等量积水，肝、肾、脾等实质脏器质地松软，色较淡。

【预防】

（1）计划性驱虫。可根据当地的流行病学资料作出规划，一般春秋季各进行 1 次，也可在出牧前和归牧后驱虫。在严重流行地区，可在放牧期间将酚噻嗪混于精料或食盐内饲喂，持续 2~3 个月，每只羊每天 0.5~1.0克，预防效果良好。春秋季驱虫各地的方法不同，有的是在秋季用大剂量的药物驱虫 1~2 次，有的是在春季进行 1~2 次驱虫。

（2）放牧和饮水卫生。应避免在低湿地放牧，也不在清晨、傍晚或雨后放牧，尽量避开幼虫活动的时间，减少感染机会。禁止饮用低洼地积水或死水，应建立固定的清洁的饮水点。

（3）加强饲养管理，合理补充精料，增强畜体的抗病力。

（4）加强粪便管理，将粪便集中在适当地点进行生物热处理，消灭虫卵和幼虫。

【治疗】治疗原则为积极驱虫，对症治疗。

处方 1：

盐酸左旋咪唑注射液 5~6 毫克/千克体重，全群皮下注射；或全群盐酸左旋咪唑片 8 毫克/千克体重，双羟萘酸噻吩嘧啶片 25~40 毫克/千克体重，全群内服。

处方 2：

伊维菌素注射液 0.2 毫克/千克体重，全群皮下注射；或伊维菌素预混剂 0.2 毫克/千克体重，全群内服。泌乳羊慎用。

处方 3：

丙硫苯咪唑片 5~15 毫克/千克体重，全群内服，母羊妊娠前禁用；或丙氧苯咪唑片 10 毫克/千克体重, 芬苯达唑片 20 毫克/千克体重, 全群内服。

10% 葡萄糖注射液 100 ~ 500 毫升, 维生素 C 注射液 0.5 ~ 1.5 克, 10% 安钠咖注射液 10 毫升, 静脉注射, 每天 1 ~ 2 次, 连用 3 ~ 5 天。

丙二醇或甘油 20 ~ 30 毫升, 维生素 D_2 磷酸氢钙片 30 ~ 60 片, 干酵母片 30 ~ 60 克, 西咪替丁片 5 ~ 10 毫克/千克体重, 加水灌服, 每天 2 次, 连用 3 ~ 5 天。

维生素 B_{12} 注射液 0.3 ~ 0.4 毫克, 肌肉注射, 每天 1 次, 连用 3 ~ 5 天。

处方 4:

驱虫散: 鹤虱 30 克, 使君子 30 克, 槟榔 30 克, 芜荑 30 克, 雷丸 30 克, 绵马贯众 60 克, 干姜 (炒) 15 克, 附子 (制) 15 克, 乌梅 30 克, 诃子 30 克, 大黄 30 克, 百部 30 克, 木香 15 克, 榧子 30 克, 一起研成粉末, 每次 30 ~ 60 克, 温水灌服。

4. 羊肺线虫病

羊肺线虫病, 又叫网尾线虫病, 由网尾科和原圆科的线虫寄生在气管、支气管、细支气管乃至肺实质引起的以支气管炎和肺炎为主要症状的疾病。肺线虫病在我国分布广泛, 是羊常见的蠕虫病之一, 可造成羊群尤其是羔羊大批死亡。

【流行病学特点】本病多见于潮湿地区, 常呈地方性流行, 感染季节主要在春、夏、秋较温暖的季节。成年羊和没有进行驱虫的放牧羊群感染率高。

【临床症状】病羊的典型症状是咳嗽, 一般发生在感染后的 16 ~ 32 天。首先, 个别羊干咳, 继而成群咳嗽, 运动时和夜间更为明显, 此时呼吸声亦明显粗重, 如拉风箱。在频繁而痛苦的咳嗽时, 常咳出含有成虫、幼虫及成卵的黏液团块。咳嗽时伴发啰音和呼吸急促, 鼻孔中排出黏稠分泌物, 干涸后形成鼻痂, 从而使呼吸更加困难。病羊常打喷嚏, 逐渐消瘦, 贫血, 头、胸及四肢水肿, 被毛粗乱。羔羊症状严重, 死亡率也高。羔羊轻度感染或成年羊感染时, 症状表现较轻, 临床症状不明显。

【病理变化】尸体消瘦、贫血。支气管中有黏液性、黏液脓性混有血丝的分泌物团块, 团块中有成虫、幼虫和虫卵。支气管黏膜混浊、肿胀、充血, 并有小出血点。支气管周围发炎, 有不同程度的肺膨胀不全和肺气肿。在有虫体寄生的部位, 肺表面稍有隆起, 并呈灰白色, 触诊时有坚硬感, 切开时可见到虫体（图41）。

图41 羊肺线虫病

【预防】

（1）改善饲养管理，提高羊的健康水平和抵抗力，可缩短虫体寄生时间。

（2）在本病流行区，每年春秋两季（春季在2月，秋季在11月为好）进行2次以上定期驱虫。驱虫治疗期间，应将粪便堆积进行生物热处理。

（3）加强羔羊的培育，羔羊与成羊分群放牧，有条件的地区可实行轮牧，避免在低洼沼泽地放牧。冬春季提供适量补饲，饮水清洁。

【治疗】治疗原则为正确诊断，积极驱虫，抗菌消炎。治疗羊捻转血矛线虫病的处方1和处方2，也可用于治疗羊肺线虫病。

处方：

丙硫苯咪唑片5～15毫克/千克体重，全群内服，妊娠前期母羊禁用；或丙氧苯咪唑片10毫克/千克体重，芬苯达唑片20毫克/千克体重，全群内服。

青霉素5万单位/千克体重，地塞米松注射液4～12毫克，注射用水5毫升；或5%氟苯尼考注射液5～20毫克/千克体重，肌肉注射，每天1次，连用3天。

5. 羊莫尼茨绦虫病

羊莫尼茨绦虫病是由于莫尼茨绦虫寄生在羊的小肠而引起的一种寄生虫病。对羔羊危害严重，感染后轻则影响生长发育，重则成批死亡。

【流行病学特点】我国东北、西北、内蒙古的广大牧区为本病的多发区，为局部流行。2~5月龄羔羊最易受感染，成年羊的感染率很低。该病的流行呈现一定的季节性，感染本病时间在每年早春放牧后，春夏多雨季节易感，感染高峰在5—8月。莫尼茨绦虫的中间宿主为地螨。地螨主要生活在阴暗潮湿，有丰富腐殖质的林区、草原或多灌木林的地方，当牧草湿润、外界昏暗时常爬上牧草，所以，羊在清晨及雨后采食低洼地牧草或早春末开垦过的地埂嫩草时，最容易吃到地螨而感染莫尼茨绦虫病。

【临床症状】轻度感染时不表现症状，重度感染时由于大量虫体结成团阻塞肠道，且吸收大量营养产生毒素，临床表现为食欲减退、口渴、下痢，有时便秘，粪中有孕卵节片，贫血，淋巴结肿大，黏膜苍白，体重减轻，渐而表现弓背，极度沮丧，反应迟钝，最后卧地不起，抽搐，头向后仰或做咀嚼运动，口周围有许多泡沫，衰竭而亡。

【病理变化】尸检时小肠中有数量不等的长1米以上的带状虫体。有时可见肠管、淋巴结、肠系膜和肾脏等组织呈现增生和变性，脑髓往往有出血性浸润或溢血现象，心内膜出血，心肌变性。

【预防】

（1）定期驱虫，妥善处理粪便。从舍饲转入放牧前对全群进行驱虫，既能保证舍饲期间病畜迅速恢复健康，又可减少草场的污染。春季放牧后1个月内进行第二次驱虫。间隔1个月后再进行第三次驱虫。驱虫后的粪便要集中进行生物热发酵处理，杀死其中的虫卵，以免污染草场。

（2）控制中间宿主。尽量减少地螨的污染程度，如实行轮牧轮种，种植一年生牧草，土地经过几年耕种后地螨可大大减少。提高放牧技术，尽量避免在阴湿地或清晨、黄昏等地螨活动高峰期放牧，防止羊群感染。

【治疗】

处方1：

吡喹酮片10~20毫克/千克体重，内服。

处方2：

硫双二氯酚片80~100毫克/千克体重，内服。

处方3：

氯硝柳胺片 60 ~ 70 毫克/千克体重，内服。

处方4：

丙硫苯咪唑片 5 ~ 15 毫克/千克体重，内服。

处方5：

驱虫散：鹤虱 30 克，使君子 30 克，槟榔 30 克，芜荑 30 克，雷丸 30 克，绵马贯众 60 克，干姜（炒）15 克，附子（制）15 克，乌梅 30 克，诃子 30 克，大黄 30 克，百部 30 克，木香 15 克，榧子 30 克，一起研成粉末，每次 30 ~ 60 克，温水灌服。

6. 羊脑包虫病

羊脑包虫病，俗称"羊转头疯"，是多头绦虫的蚴虫寄生在绵羊及山羊的脑部和脊髓，引起脑炎、脑膜炎等一系列神经症状，严重时引起死亡的一种寄生虫病。该病主要侵害 2 岁以下幼龄绵羊，人偶尔也可感染。

【流行病学特点】羊脑包虫病一年四季均可发生，但多发于春季。该病的流行与牧羊犬有关，狗吞食了含有多头蚴的牛羊脑及被多头幼污染的食物后，这些幼虫发育成多头成虫寄生在狗的小肠内，经粪便排出，散布到草场及水源中。羊误食带有虫卵的饲草料后受到感染。

【临床症状】羊感染后，呈现类似脑炎或脑膜炎症状。羊脑包虫病的主要表现为食欲下降，反应迟钝，长时间沉郁不动。虫体的寄生部位不同，病羊表现症状随之有差异。虫体寄生在某一侧脑半球时，病羊将头偏向患侧，并向患侧作转圈运动，并伴有视力障碍乃至失明。虫体寄生在大脑正前方时，除有视力障碍、头骨萎缩变薄外，最常见的是头下垂，向前作直线运动，在碰到障碍物时则将头抵在物体上而呆立不动。虫体在小脑寄生时，病羊表现感觉过敏，容易惊恐，无论站立或运动均常失去平衡，行走时出现急促步样或蹒跚步态，步伐加长，易跌倒，视觉障碍，磨牙，流涎，痉挛，站立时四肢常外展或内收。腰部脊髓有虫体寄生时，常引起渐进性后躯麻痹。

【病理变化】在羊脑不同部位可见囊状多头蚴，囊内充满透明的液体，内膜上有许多白色的点状头节（图42）。在病变或虫体相接的颅骨处，骨质松软、变薄甚至穿孔，使皮肤向表面隆起，病灶周围脑组织或较远的部位发炎，有时可见萎缩变性和钙化的多头蚴。

【预防】将患病羊的头、脑脊髓和内脏及时销毁，禁止乱扔和喂狗。同时对牧羊犬进行定期驱虫（吡喹酮片，5 毫克/千克体重，一次内服），阻断成虫感染。拴养牧羊犬，防止粪便污染饲料、饮水及圈舍。

图 42　羊脑包虫病

【治疗】治疗原则为准确诊断，早期驱虫。

处方 1：

吡喹酮片 50 毫克/千克体重，内服，每日 1 次，连用 5 日；或 70 毫克/千克体重，内服，每天 1 次，连用 3 天。

处方 2：

手术治疗，是该病最有效的治疗方法。根据病羊的特异性运动姿势，确定虫体大致的寄生部位。首先将患羊保定，手术部剪毛、消毒、麻醉后，在骨质变软的部位作 U 字形或十字切口，切透皮肤及皮下组织，露出颅骨。确定多头蚴包囊位置后，用注射针头避开血管刺入脑膜，连接注射器吸取囊泡，直至吸尽后慢慢小心拉出包囊。包囊取出后，滴入少量青霉素，盖上骨膜，缝合皮肤，碘酒消毒。手术后抗菌消炎，加强护理。

7. 羊螨病

羊螨病俗称为羊疥疮、羊癫或"骚"，是疥螨和痒螨寄生在羊的皮肤表面而引起的一种接触性感染的慢性皮肤病。羊螨病以剧痒、脱毛、皮炎、结痂、皮肤皱褶等为主要特征。一旦发生，很快会蔓延整群，对羊养殖业的危害极大。

【流行病学特点】 主要发生于冬季和秋末春初，此时阳光照射不足、家畜被毛增厚、绒毛增多、皮肤温度升高，尤其是圈舍阴暗、潮湿、拥挤及卫生条件不良的条件下，极易造成羊螨病的流行。各种羊均可发病，但以羔羊受害最为严重。传播途径是病羊和健康羊之间的直接接触，或是通过畜舍墙壁、用具及饲养人员手臂等间接接触而传播蔓延。

【临床症状】 患病部位首先发生在背及臀部被毛厚密的部位，以后很快蔓延到蹄部及腿外侧（图43）。皮肤奇痒，烦躁不安，患部皮肤增厚出现结节、水泡和炎性渗出物，继而形成水泡脓疱，然后龟裂和结痂。病羊皮肤遭到破坏，严重感染时大面积皮肤会受到损伤，精神委顿，食欲下降，代谢机能紊乱，消瘦以及脱毛。羊只脱毛后畏寒怕冷，剧痒而不愿采食，生长发育受阻，严重者逐渐消瘦，可引起机体高度衰竭而死亡。

【病理变化】 皮肤出现丘疹、结节、水泡，甚至脓疱，以后形成痂皮，龟裂多出现于嘴唇、口角、耳根和四肢弯曲部。

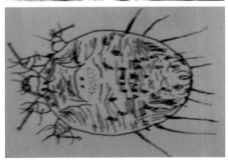

图43　羊螨病

【预防】

（1）加强饲养管理。要保持畜舍清洁干燥通风，饲养密度不宜过大。让羊只多晒太阳，划区隔离，定期轮牧。每日清扫畜舍粪便及污物，同时还要定期对畜舍墙壁、地面及饲喂设施用20%热石灰水进行消毒。定期检疫，并随时注意观察，一旦发现病羊，要立即采取隔离治疗，以防蔓延。

（2）药物预防。定期进行药浴，每年春季和秋季各进行1次。药浴时间应选择在山羊抓绒、绵羊剪毛后1周左右进行。药液温度保持在36～38℃，药浴时间1～2分钟，并随时补充新药液。因大部分药物对螨卵无杀灭作用，所以药浴需重复2～3次，每次间隔7～8天为好。

【治疗】

处方1：

伊维菌素注射液0.2毫克/千克体重，皮下注射，8～14天后再注射1次。

处方2：

0.5%～1%敌百虫液或0.05%双甲脒溶液，0.05%辛硫磷乳油水溶液，0.05%蝇毒磷乳剂水溶液，0.005%溴氰菊酯，0.025%～0.075%螨净，全群药浴或喷洒。

1%～2%敌百虫液，用于羊舍环境喷洒。

8. 羊鼻蝇蛆病

羊鼻蝇蛆病，又称羊狂蝇蛆病，是由羊鼻蝇的幼虫寄生在羊的鼻腔及其附近腔窦中引起的一种以慢性鼻炎症状为主的寄生虫侵袭疾病。羊狂蝇幼虫主要寄生于绵羊，也可寄生于山羊，也有人被寄生的报道。

【流行病学特点】羊鼻蝇蛆病在中国西北、华北、东北地区较为常见，流行严重地区感染率可高达80%。羊鼻蝇成虫多在春、夏、秋季出现，尤其以夏季为多。因此，该病感染率夏秋季高于冬春季，幼龄羊高于成年羊。

【临床症状】发炎初期，病羊流出大量清鼻液，以后由于细菌感染，变成稠鼻液，有时混有血液。患病羊因受刺激而磨牙。因分泌物黏附在鼻孔周围，加上外物附着形成痂皮，致使患病羊呼吸困难，打喷嚏、咳嗽、甩鼻，结膜发炎，头下垂，用鼻端在地上摩擦。有时个别幼虫深入颅腔，使脑膜发炎或受损，出现运动失调和痉挛等神经症状，严重的可造成衰竭而死亡。

【病理变化】早期诊断时，可将药液喷入病羊鼻腔，收集用药后的鼻腔喷出物，发现死亡幼虫即可确诊。剖检时，可见鼻黏膜发生炎症和肿胀，严重时发生脑膜炎，在鼻腔、额窦或鼻窦处发现幼虫（图44）。

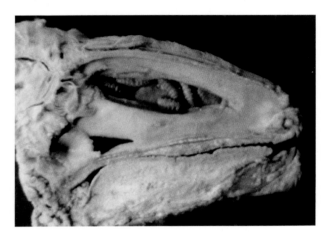

图44　羊鼻蝇蛆病

【预防】尽量避免在夏季中午放牧。夏季羊舍墙壁常有大批成虫，初飞出时翅膀软弱，可进行捕捉，消灭成虫。冬春季注意杀死从羊鼻内喷出的幼虫。羊舍经常清扫、消毒和杀虫，羊粪等污物集中进行生物热发酵处理。在成蝇活动季节，定期检查羊的鼻腔，用药物杀死幼虫。

【治疗】

处方1：

伊维菌素0.2毫克/千克体重，皮下注射。

处方2：

氯羟柳胺片5毫克/千克体重，内服；或用氯羟柳胺注射液2.5毫克/千克体重，皮下注射，可杀死幼虫。

处方3：

敌百虫粉75毫克/千克体重，加水内服，或以2%溶液喷入鼻腔。

9. 羊虱病

羊虱病是一种慢性皮肤病，是由羊虱寄生在羊的体表引起的，是一种永久寄生的外寄生虫病。该病传染性强，发病率高，对羊养殖业有很大的威胁。

【流行病学特点】该病发病时间多在冬春季，且发病时间长，如果不采取合理的防治措施，可全年携带病原体。此病为接触感染，可经过健康羊与病羊直接接触，或经过管理用具接触而感染。羊舍阴暗、拥挤也会有利于虱子的生存、繁殖和传播。由于传播速度快，一旦羊群中个别羊发病，不到一个月时间就能扩散到全群，幼羊受害较严重。

【临床症状】患病羊群体质瘦弱，皮毛粗乱无光，有的体表被毛脱落。病羊皮肤发痒，精神烦躁不安，常用嘴咬或蹄踢患部，或在羊舍的木柱、墙壁、食槽、围栏等处摩擦止痒。扒开病羊被毛，可发现毛内有羊虱和虱卵。该病患病时间长，严重感染的病羊皮肤变粗糙起皮屑，且患部羊毛粗乱易脱落，久而久之，导致羊只食欲及睡眠不好，出现贫血、日渐消瘦、发育不良、抵抗力下降，从而造成羊只混感其他疾病，严重者可导致死亡。

【预防】

（1）加强羊舍卫生管理。羊舍要经常打扫、消毒、通风，垫草要定期清理勤换。对饲养、护理工具要定期消毒，勤晒，一般用开水或热碱水烫洗，以杀死虱卵。

（2）加强饲养管理。保持羊舍内羊只的密度，定羊定圈，防止交叉感染。供给优质饲草，增强羊体的抵抗力。检查新引进的羊。定期检查羊圈，发现有虱，羊立即隔离、治疗，以防蔓延。

（3）药物预防。每年5月和10月分别对羊群用0.5%敌百虫水溶液或20%蝇毒磷，池浴、喷雾1次，能够很好的预防羊虱病，也可将灭虱粉均匀地撒在羊体上，每只羊10克。

【治疗】

处方1：

伊维菌素注射液0.01~0.02毫升/千克体重，皮下注射；或复方伊维菌素混悬液0.2毫克/千克体重口服。

处方2：

碘硝酚（驱虫王），0.05毫升/10千克体重，皮下注射。

处方3：

可采用药浴和撒粉的方法治疗羊虱病，方法同药物预防。

（四）普通疾病的预防与治疗

1. 食道阻塞

食道阻塞，又称食道梗阻，中兽医称"草噎"，是由于咽下的食物或异物过于粗大或咽下机能障碍，导致食道阻塞的一种疾病。

【病因】该病主要因过度饥饿的羊吞食了过大的块根饲料，未经充分咀嚼而吞咽，阻塞于食道某一段，或羊过度饥饿之后的采食过程中突然受到惊扰，贪食、急吞而引发。误食塑料袋、地膜等异物也可造成食道阻塞。继发性食道阻塞常见于食道麻痹、狭窄和扩张。

【临床症状】患病羊，突然中断采食、摇头伸颈、惊恐、疼痛不安，有时咳嗽、不断表现吞咽动作，阻塞物在食道上部时，患病羊不断从口腔中流出大量白色泡沫状涎液粘附于下唇端，垂涎不断，此时见到鼻腔内流出涎液表现。当阻塞发生在颈部食道时，局部突起，形成肿块，手触可感觉到异物形状；当发生在胸部食道时，病羊疼痛明显，并可继发瘤胃臌气、脉搏、呼吸加快、结膜发绀，直至呼吸困难，最后运动失调，站地不稳，倒地死亡。

【预防】加强饲养管理，块状类饲料应经加工（如切碎）后定量投喂，尽量避免羊只在采食时受惊吓。清理草场、羊舍周围的废弃杂物，防止偷食未加工的块状饲料。

【治疗】尽早排除致病因素，随时观察状况，尽量做到早发现早治疗。

处方1：

吸取法：如果阻塞物是草料食团，可将羊保定，将阻塞物送入胃管后用橡皮球吸取水，注入胃管，在阻塞物上部或前部软化阻塞物，反复冲洗，边注入水边吸出，反复操作，直至食道畅通。

处方2：

胃管探送法：阻塞物在接近贲门部位时，可先将2%普鲁卡因溶液5毫升、石蜡油30毫升混合后，用胃管送至阻塞物部位，待10分钟后，再用硬质胃管推送阻塞物进入瘤胃中。

处方3：

砸碎法：当阻塞物易碎、表面圆滑并阻塞在颈部食道时，可在阻塞物两侧垫上木板，将一侧固定，在另一侧用木槌或拳头打砸（用力要均匀），使其破碎后咽入瘤胃。治疗中若继发瘤胃臌气，可施行瘤胃放气术，以防病羊发生窒息。

2. 瘤胃臌气

羊瘤胃臌气，又称胀死病，是一种常发病，多发生在春、夏牧草生长旺盛的季节。

【病因】羊瘤胃臌气病因分原发性和继发性 2 种。原发性瘤胃臌气多由于采食了大量易发酵饲料以及块根饲料、幼嫩多汁的豆科牧草等，在短时间内形成大量气体而致病。或过食大量难以消化而易膨胀的谷物类饲料，或雨后放牧吃了带露水的青草、霜冻腐败变质的饲料，以及有毒植物等也易引起瘤胃臌气。继发性瘤胃臌气多见于前胃疾病和食道阻塞等过程中。

【临床症状】原发性瘤胃臌气通常在采食易发酵的饲草后或放牧回来的几小时内迅速发生，而继发性瘤胃臌气则在饲喂后 12 小时左右出现。最明显的症状是左腹部急剧臌胀，采食、反刍、嗳气活动停止，痛苦不安，不断回头望腹，后肢踢腹，急起急卧，呼吸困难并加快，张口喘息，不断呻吟，举尾努责并排出少量黏稠酸臭的稀便。叩诊时左腹部呈现鼓音，按压时感觉腹壁紧张。结膜初期充血而后发绀（呈蓝紫色），精神沉郁，时有出汗，不断排尿。病情发展严重时，病羊行走摇摆，站立不稳，不久倒地不起，呻吟，痉挛，全身抽搐，衰竭而死。

【预防】加强饲养管理，禁止饲喂霉败变质饲料。放牧或饲喂青饲料前 1 周，先饲喂青干草或稻草，然后放牧。雨后及早晨露水未干以前不放牧。在饲喂新饲料或变换放牧场时，应该严加看管，以尽早发现症状。

【治疗】治疗原则是缓泻排气、消除腹胀、制止瘤胃发酵产气，强心补液，防止出现酸中毒以及促进恢复胃肠正常机能等措施。民间常用的治疗方法如下：

处方 1：

小茴香 100 克、大蒜 100 克、陈醋 250 毫升，捣碎混合后一次灌服。

处方 2：

将大酱、盐末涂抹在木棍上，用细绳固定在口腔上，任病羊舔食，可以减轻瘤胃臌气。

处方 3：

把病羊牵到斜坡上，羊头朝向高处，一人将嘴撑开，另一人双手用力按摩臌胀部，或者用一根小木棒横放于口中，木棒的两端用绳子拴于头上，然后进行按摩，使胃内气体从口中排出。

处方4：

危急病例（有窒息危险的病羊），可用套管针或粗针头在左肷部进行瘤胃穿刺放气。穿刺部位是在肷窝中央臌气最高的部位。方法如图45所示：局部剪毛，用碘酒涂擦消毒，然后将套管针或普通针头垂直或朝右侧肘头方向刺入皮肤及瘤胃壁放出气体。拔出针管后，穿刺孔用碘酒涂擦消毒。

1. 套管针
2. 穿刺部位

图45 绵羊瘤胃穿刺术

（图片来源：http://www.syw-cn.com/technology/show.php? itemid=860）

3. 创伤性网胃腹膜炎

创伤性网胃腹膜炎，又称金属器具病或创伤性消化不良，是由于羊吞食了混在饲草料中的尖锐异物，刺伤网胃而造成网胃穿孔，引起网胃和腹膜损伤，从而导致消化机能严重障碍的一种疾病。

【病因】由饲草料中混入金属异物，饲草料过于坚硬（如豆秸）等引发。另外，采食粗糙、采食过快、抢食等也能导致钉、针、铁丝等尖锐异物被误吞。本病多见于奶山羊，也发生于绵羊。

【临床症状】病羊精神沉郁，食欲减少，反刍缓慢或停止，行动谨慎。表现疼痛、拱背，不愿急转弯或走下坡路，前胃弛缓，慢性瘤胃臌气，肘肌外展以及肘肌颤动。用手冲击触诊网胃区或用拳头顶压剑状软骨区时，病羊表现疼痛、呻吟、躲闪。

【预防】清除饲草料中的异物，最好配备除杂设备，并严禁在牧场或羊舍内堆放铁器。饲养人员勿带尖细的铁器用具进入羊舍，以防止混落在饲草料中，被羊误食。

【治疗】

处方 1：

用羊瘤胃去铁器，取出瘤胃中的金属异物。

青霉素 320 万单位，注射用水 10 毫升，肌肉注射，每天 2 次，连用 3 ~ 5 天。

处方 2：

手术疗法：实施瘤胃切开术，取出异物。术后加强护理，抗菌消炎。

4. 皱胃阻塞

皱胃阻塞，又称皱胃积食，是因迷走神经调节机能紊乱或受损，引发皱胃迟缓，皱胃内容物滞积，胃壁扩张、体积增大形成阻塞，并继发瓣胃秘结，导致消化机能极度紊乱、瘤胃积液、自体中毒和脱水的严重病理过程。患病羊死亡率较高。

【病因】该病多因羊的消化机能紊乱、胃肠分泌、蠕动机能降低造成。或者由于长期饲喂细碎饲料，迷走神经分支损伤，创伤性网胃炎使肠襻与皱胃粘连，幽门痉挛、幽门被异物（如地膜块、塑料袋、毛球等）堵塞等原因，也可以使羊发病。

【临床症状】羊只患病初期前胃弛缓，食欲减退或消失，尿量少、粪便干燥。随着病情的发展，病羊反刍停止，肚腹显著增大，肠音微弱，有时排少量糊状、棕褐色、恶臭粪便，并混有少量黏液。触诊皱胃区时可感到皱胃扩张、坚硬，病羊疼痛感加剧，表现为躲闪、抵角等敏感反应。

【预防】加强饲养管理，消除致病因素，定时定量饲喂，供给优质饲料和清洁饮水。科学搭配饲粮，防止羊只因营养物质缺乏而发生异食癖，同时要保证羊舍、运动场及饲草的卫生洁净，严防异物混入草料中。

【治疗】

处方 1：

25% 硫酸镁溶液 50 毫升、甘油 30 毫升、生理盐水 100 毫升，混合作皱胃注射。操作方法如下：首先在右腹下肋骨弓处触摸皱胃胃体，在胃体突起的腹壁部剪毛，碘酊消毒，用 12 号针头刺入腹壁入皱胃胃壁，再用注射器吸取胃内容物，当见有胃内容物残渣时，可以将要注射的药液注入。待 10 小时后，再用胃肠通注射液 1 毫升（体格小的羊用 0.5 毫升），一次皮下注射，每天 2 次。

处方 2：

大黄 9 克、油炒当归 12 克、芒硝 10 克、生地 3 克、桃仁 2.5 克、三棱 2.5 克、莪术 2.5 克、李仁 3 克，煎成水剂内服。

处方 3：

当药物治疗无效时，须进行皱胃切开术，以排除阻塞物。注意加强术后护理，抗菌消炎。

5. 支气管炎

支气管炎是支气管黏膜和黏膜下层组织的炎症。该病多发生在早春、晚秋等气候变换季节。临床上以咳嗽，肺部听诊有啰音为特征。依据病程，分为急性与慢性 2 种。

【病因】主要致病原因是寒冷与感冒，如天气剧变、风雪侵袭、缺乏防寒设施等，以及吸入刺激性气体、尘埃、花粉等，使条件致病菌大量繁殖引起。也可继发于痘病、口蹄疫、山羊传染性支气管炎等传染性疾病。

【临床症状】急性支气管炎症的主要症状是咳嗽。病初呈干、短并带疼痛的咳嗽，后变为湿性长咳，痛感减轻，有时咳出痰液，鼻腔或口腔同时排出黏性或脓性分泌物。体温一般正常，有时升高 0.5 ~ 1℃，全身症状较轻。若炎症侵害范围扩大到细支气管，则全身症状重剧，体温升高 1 ~ 2℃，呼吸急速，呈呼气性呼吸困难。

慢性气管炎以长期顽固性咳嗽为特征。全身症状轻微，体温正常。但由于病期长且反复发作，病羊日渐消瘦和贫血，直至极度衰竭而死亡。

【预防】加强饲养管理，排除致病因素。圈舍要宽敞、清洁、通风透光、无贼风侵袭，防止受寒感冒。

【治疗】治疗原则为除去病因，消除炎症，祛痰止咳。

处方 1：

氯化铵 1 ~ 2 克，吐酒石 0.2 ~ 0.5 克，碳酸铵 2 ~ 3 克，口服。

3% 盐酸麻黄素 1 ~ 2 毫升，肌肉注射。

处方 2：

10% 磺胺嘧啶钠 10 ~ 20 毫升，肌肉注射，也可内服磺胺嘧啶 0.1 克/千克体重（第一次用量加倍），每天 2 ~ 3 次。青霉素 20 万 ~ 40 万单位或链霉素 0.5 克，每日 2 ~ 3 次，直至体温下降。

处方 3：

杷叶散：杷叶6克，知母6克，贝母6克，冬花8克，桑皮8克，阿胶6克，杏仁7克，桔梗10克，葶苈子5克，百合8克，百部6克，生草4克，煎汤，候温灌服。

处方4：

紫苏散：紫苏、荆芥、前胡、防风、茯苓、桔梗、生姜各10～20克，麻黄5～7克，甘草6克，煎汤，候温灌服。

6. 日射病及热射病

日射病及热射病，又叫中暑或中热，是由于羊只在暑热天气受阳光直射或长时间处于高温环境，引起脑及脑膜充血和脑实质的急性病变，导致中枢机能障碍、呼吸系统功能紊乱而引起的疾病。本病主要发生在炎热的夏季，如果不及时救治，往往造成羊只死亡。

【病因】

（1）日射病。在炎热的夏季，因羊只头部持续受到强烈日光照射，也就是引起头部血管扩张、脑膜充血、颅顶温度和体温急剧升高，进而引起中枢神经调节功能障碍。

（2）热射病。由于羊只长期处于温度过高、潮湿闷热的环境，或被毛较厚，过度拥挤，缺乏饮水时，羊体温调节中枢的机能降低、产热增加、体内积热，导致机体过热引起中枢神经机能紊乱而诱发本病。

【临床症状】

（1）日射病。常突然发生，病初，羊只精神沉郁，四肢无力，步态不稳，共济失调，突然倒地，四肢作游泳样运动。随着病情进一步发展，体温略有升高，呼吸急促而节律失调，结膜发绀，瞳孔散大，皮肤干燥，出汗减少，常发生剧烈的痉挛或抽搐而迅速死亡，或因呼吸麻痹而死亡。

（2）热射病。突然发病，病初沉郁，体温急剧上升，大汗喘气，体温高达41℃以上，皮温增高，甚至烫手。之后可引发短时间的兴奋乱冲，但马上转为抑制，此时无汗，呼吸高度困难。后期呈昏迷状态，意识丧失，四肢划动，呼吸浅而疾速，节律不齐，血压下降，濒死前多体温下降，因呼吸中枢麻痹而死亡。

【预防】夏季要做好防暑降温工作，避免长时间在烈日下放牧。羊舍要通风换气，容纳羊只不宜过多，注意多饮冷水。

【治疗】本病往往突然发生，如救治不及时可迅速死亡。因此一旦发现，应立即急救。治疗原则是防暑降温，镇静安神，强心利尿，缓解中毒。

处方 1：

物理降温：将羊群赶到阴凉通风处，若卧地不起，可就地搭起阴棚，保持安静。不断用冷水浇洒病羊全身或用冷水灌肠，灌服 1% 冷盐水，可在头部放置水袋，或用酒精擦拭体表。为减轻脑和肺部充血和改善循环，可酌情静脉放血约 100～300 毫升。

2.5% 的盐酸氯丙嗪液 2～5 毫升，肌肉注射。

5% 碳酸氢钠 500～1 000 毫升，静脉注射。

处方 2：

止渴人参散加减，党参、芦根、葛根各 30 克，生石膏 60 克，茯苓、黄连、知母、玄参各 25 克，甘草 18 克，共研成粉末，分成 6 份，每次 1 份，开水冲服。无汗加香薷，神昏加石菖蒲、远志，狂躁不安加茯神、朱砂，热急生风、四肢抽搐加钩藤和菊花。热痉挛和热衰竭要结合补液和补充电解质。

7. 羊湿疹

湿疹是皮肤表皮组织细胞受致敏物质刺激而引起的一种炎症反应，皮肤出现红斑、丘疹、水泡、脓疱、糜烂、痂皮及鳞屑等，有时可侵害到皮肤的深层组织。因表皮炎症发生的皮肤性综合特征称为湿疹，所以又名湿毒症。分为急性和慢性 2 种，可发生在畜体的任何部位，且反复发作，主要见于夏季。

【病因】羊只皮肤不干净，遭受排泄物、炎性分泌物浸渍，圈舍卫生差及空气流通不畅，环境潮湿、脏污不洁，蚊虫叮咬，日光暴晒等都可以导致湿疹。此外，饲料、药物中的致敏物，机体代谢障碍及消化系统疾病，也能引起湿疹。

【临床症状】湿疹多发生在胸腹两侧、四肢内侧和臀部，有个别病因蔓延到耳、尾下部，甚至遍发全身。急性病因体温升高，皮肤出现红斑、丘疹和水泡，水泡内含有黏性黄水，浆液渗出增多，产生结痂（图 46）。湿疹局部发痒，患羊啃咬、搔扒、摩擦，皮破成疮。转为慢性湿疹后，症状时轻时重，反复发作。皮肤粗糙，增厚，丘疹突起，龟裂成象皮一样。

【预防】保持羊只清洁卫生，圈舍通风良好，环境及卫生清洁。夏季不要在低洼潮湿的地方放牧或让羊只久卧湿地，避免损伤及来外来各种物质对羊体刺激造成的致敏反应。

图46 羊湿疹

【治疗】

处方1：

0.1%高锰酸钾水，清洗湿疹患部。

炉甘石洗剂（炉甘石10克，氧化锌5克，石炭酸1克，甘油5毫升，石灰水100毫升），患部涂擦，每天2～3次，连用3～5天。

扑尔敏注射液12～20毫克，或用贝赫拉米注射液40～60毫升，肌肉注射，每天2次，连用3～5天。

红霉素软膏，有化脓时局部涂抹。

处方2：

氧化锌水杨酸软膏，或用10%水杨酸软膏，局部涂抹。

10%葡萄糖注射液500毫升，10%氯化钙注射液20～50毫升，隔日1次，静脉注射，连用3～5天。

处方3：

荆芥、防风、牛蒡子各24克，蝉蜕20克，苦参20克，生地24克，知母24克，生石膏50克，木通15克，共为细末，分成6份，每次1份，开水冲服，每天2次。用于风热型湿疹。

处方4：

黄芩、黄柏、苦参各24克，生地30克，白鲜皮24克，滑石24克，车前子24克，板蓝根30克，共为细末，分成6份，开水冲调，每天1次。用于湿热型湿疹。

8. 羊妊娠毒血症

羊妊娠毒血症是怀孕母羊的一种亚急性代谢性疾病,以低血糖、酮血症、酮尿症及虚弱为主要特征。妊娠毒血症主要发生在怀双羔或多羔的孕后期母羊,多见于绵羊,山羊也可发生。母羊多在分娩前 10 ~ 20 天,甚至 2 ~ 3 天发病,发病率可达 20%,死亡率高达 70% ~ 80%。

【病因】

(1) 由于饲养管理方式不当,饲料营养单一或不足,缺乏锻炼,导致妊娠母羊营养不良,新陈代谢机能衰退,体质变弱,适应能力降低。

(2) 由于胎儿的生长发育需要消耗大量的能量,特别是妊娠后期胎儿生长迅猛,能量需求加大。在此阶段,如果母羊营养不足,就会导致低血糖的发生,再加上外界环境因素的影响,极易发展成妊娠毒血症。

【临床症状】羊发生妊娠毒血症后,病初食欲减退,精神沉郁,黏膜苍白,离群呆立,举动不安,步态不稳。随着病情发展,瞳孔散大,视力减退,可视黏膜黄染,呆滞凝视,呼吸浅而快,呼出气体有烂苹果味,粪便小而硬,带有黏液,甚至带血。严重时食欲废绝,起立困难而卧地,头向侧仰,耳震颤,眼肌挛缩,咬齿,心跳加快,呼吸困难,全身痉挛,四肢泳动,在昏迷中死亡(图 47)。

图 47　羊妊娠毒血症

【预防】

（1）加强饲养管理。合理搭配饲草料，防止营养单一。在母羊怀孕初期、中期和后期，应采取不同的饲养管理措施。要避免母羊孕期的后2个月过肥或过瘦，避免饲喂制度突然变换。此外，要勤观察，发现怀孕母羊饮食减少或废绝应及早治疗。

（2）合理增加运动。母羊怀孕后每日应驱赶运动2次，每次半小时以上，可有效预防该病和其他孕期疾病。

（3）药物预防。对多羔妊娠的易感母羊，从分娩前10～20天开始饲喂丙二醇，每天20～30毫升。

【治疗】治疗原则为护肝、补糖、降血酮，促进代谢、防止酸中毒。

处方1：

25%葡萄糖注射液300～500毫升，葡萄糖酸钙注射液20毫升，维生素C注射液10毫升，静脉注射，每天1～2次，连用3～5天。

处方2：

丙二醇20～30毫升，维生素D_2磷酸氢钙片30～60片，干酵母片30～60片，健胃散30～60片，加水灌服，每天2次，连用3～5天。

处方3：

5%碳酸氢钠注射液100毫升，静脉注射，每天1次，连用3～5天。

处方4：

当病情恶化时，应选择人工助产、剖腹产或流产，确保母羊的及时救治。

9. 羊生产瘫痪

羊生产瘫痪，又称乳热病或低钙血症，是母羊分娩前24小时至产后72小时内发生的以咽、舌、肠道和四肢发生瘫痪，失去知觉为特征的一种代谢性疾病。山羊和绵羊均可患病，但以高产奶山羊比较多见。

【病因】主要原因是由于母羊分娩以后，将血液中大量的钙、磷、糖合成初乳，从而导致体内血钙、血磷、血糖浓度显著降低。即使营养良好的母羊，如果饲粮中钙磷比例失调也会诱发此病。另外，在分娩过程中，母羊大脑皮层常处于高度兴奋紧张状态，产后由高度兴奋转为深度抑制；同时由于分娩腹内压突然下降，血液重新分配，造成大脑缺氧，引起暂时性的脑贫血，从而产生昏睡。

【临床症状】分娩前后几天内病羊精神抑郁，食欲减少，反刍停止，后肢软弱, 步态不稳, 甚至摇摆 (图48)。此后站立不稳, 倒地, 倒地后起立很困难, 有的不能起立, 头向前直伸, 停止排粪和排尿。皮肤对针刺的反应很弱。严重时病羊常呈侧卧姿势, 四肢伸直, 头弯于胸部, 体温逐渐下降, 有时降至36℃。皮肤、耳朵和角根冰冷, 少数病羊完全丧失知觉, 最后昏迷死亡。

图48　羊生产瘫痪症

【预防】加强妊娠母羊的饲养管理, 按照钙磷比 1∶1～1.5∶1 的比例补饲矿物质饲料, 也可在饲料中添加黑豆粉。对于高产奶山羊, 产后不要立即哺乳或挤奶, 在产前及产后加喂多维钙片或其他钙片, 也有较好的预防效果。

【治疗】

处方1:

10%葡萄糖酸钙 50～100 毫升, 10%葡萄糖注射液 200～500 毫升, 10%安钠咖注射液 10 毫升, 地塞米松注射液 4～12 毫克, 静脉注射, 每天 1～2 次, 连用 2～3 天。

处方2:

5%葡萄糖氯化钠注射液 500 毫升, 20%磷酸二氢钠注射液 40～50 毫升, 10%氯化钾注射液 5～10 毫升, 静脉注射, 每天 1 次, 连用 3～5 天。

处方3:

乳房送风法: 乳头消毒, 缓慢将导乳管插入乳头管直至乳池内, 先注入青霉素 40 万单位, 以防感染, 再连接乳房送风器或大容量注射器, 依次向每个乳头注入空气。充气时, 以乳房皮肤紧张, 乳基部边缘轮廓清楚, 用手轻叩呈鼓音为度。充气不足无疗效，充气过量容易造成乳泡破裂。然后用宽纱布轻轻扎住乳头，经 1~2 小时后解开。如果注入空气后 6 小时病情无缓解，应重复做乳房送风。

10. 羔羊低血糖症

新生羔羊低糖血症，俗称新生羔羊发抖症，是新生羔羊的常见多发病。多见于出生后 7 日龄以内的新生羔羊，是新生羔羊由于血糖浓度降低而引起的中枢神经系统机能障碍为特征的营养代谢病。该病多见于冬、春季节，绵羊多发。

【病因】由于怀孕母羊饲养管理不善、饲料营养搭配不全，导致母羊代谢紊乱、胎儿不能从母体得到充足的营养，致使所产羔羊先天性虚弱、生活能力低下、外界适应能力弱，如遇寒流侵袭，羔羊最易受寒而发生低血糖症。同时由于母羊营养状况差，产后泌乳量减少甚至无奶，使哺乳期羔羊营养供应减少，获取糖原不足而发生低血糖症。

【临床症状】病初羔羊全身发抖、拱背，盲目走动，步态僵硬。继而步态不稳，突然卧地不起，反应迟钝。常发生惊厥，四肢作游泳状，瞳孔散大，经 15~30 分钟自行终止，也可能维持较长时间不能恢复。早期轻症者，体温降至 37℃ 左右，呼吸迫促，心跳加快。严重者身体发软，口腔、耳尖、鼻端和四肢下部发凉，排尿失禁，最后昏迷死亡。病程为 2~5 小时，也有拖至 24 小时死亡者。若不及时救治，致死率达 100%。

【预防】加强母羊妊娠期间的饲养管理，供给优质富含营养的饲草料。防止羔羊饥饿，对多胎羔羊，要及早实施人工喂乳或补饲精料。

【治疗】

处方 1：

将病羔放到温暖的羊舍，注意保暖。羔羊苏醒后，立即用胃管投服 38~40℃ 的热奶，并做到定时、定量、定温。为防止消化不良，可用胃蛋白酶 0.3 克，乳酶生 0.3 克，胰酶 0.3 克，混合后口服，每天 1 次。

处方 2：

轻度病羔可用 5% 葡萄糖溶液 30 毫升，灌服，每天 2 次。对重症昏迷羔羊，可用 25%~50% 葡萄糖溶液 20 毫升，静脉注射，然后继续注射葡萄糖盐水 20~30 毫升，以维持血糖含量。

参考文献

郭健，李文辉，杨博辉，等 . 2011. 甘肃高山细毛羊的育成和发展［M］. 北京：中国农业科学技术出版社 .

韩友文 . 1997. 饲料与饲养学［M］. 北京：中国农业出版社 .

郝正里 . 2004. 畜禽营养与标准化饲养［M］. 北京：金盾出版社 .

胡坚 . 2002. 饲料青贮技术［M］. 北京：金盾出版社 .

郎侠，保善科，王彩莲 . 2014. 藏羊养殖与加工［M］. 北京：中国农业科学技术出版社 .

郎侠 . 2009. 甘肃省绵羊遗传资源研究［M］. 北京：中国农业科学技术出版社 .

刘俊伟 . 2014. 羊病诊疗与处方手册［M］. 北京：化学工业出版社 .

牛春娥 . 2011. 绵羊毛质量控制技术［M］. 北京：中国农业科学技术出版社 .

孙晓萍，郎侠，刘建斌 . 2011. 绒山羊［M］. 兰州：甘肃科学技术出版社 .

王建辰，曹光荣 . 2002. 羊病学［M］. 北京：中国农业出版社 .

吴清民 . 2009. 兽医传染病学［M］. 北京：中国农业大学出版社 .

西藏自治区农牧厅 . 2010. 西藏畜禽品种遗传资源［M］. 北京：中国农业大学出版社 .

余鸣，马金星，尹晓飞，等 . 2007. 豆科牧草干草质量分级（NY/T 1574 – 2007）［S］. 中华人民共和国农业行业标准 .

玉柱，孙启忠 . 2011. 饲料青贮技术［M］. 北京：中国农业大学出版社 .

岳炳辉，任建存 . 2011. 养羊与羊病防治［M］. 北京：中国农业大学出版社 .

泽柏 . 2012. 现代草原畜牧业生产技术手册：青藏高海草原区［M］. 北京：中国农业出版社 .

赵有璋 . 2007. 羊生产学（第二版）［M］. 北京：中国农业出版社 .

附　　表

我国绵羊的饲养标准

（1）生长育肥绵羔羊每天营养需要量

体重（千克）	日增重（千克）	干物质采食量（千克）	消化能（兆焦）	代谢能（兆焦）	粗蛋白（克）	钙（克）	总磷（克）	食盐（克）
4	0.1	0.12	1.92	1.88	35	0.9	0.5	0.6
4	0.2	0.12	2.8	2.72	62	0.9	0.5	0.6
4	0.3	0.12	3.68	3.56	90	0.9	0.5	0.6
6	0.1	0.13	2.55	2.47	36	1.0	0.5	0.6
6	0.2	0.13	3.43	3.36	62	1.0	0.5	0.6
6	0.3	0.13	4.18	3.77	88	1.0	0.5	0.6
8	0.1	0.16	3.10	3.01	36	1.3	0.7	0.7
8	0.2	0.16	4.06	3.93	62	1.3	0.7	0.7
8	0.3	0.16	5.02	4.60	88	1.3	0.7	0.7
10	0.1	0.24	3.97	3.60	54	1.4	0.75	1.1
10	0.2	0.24	5.02	4.60	87	1.4	0.75	1.1
10	0.3	0.24	8.28	5.86	121	1.4	0.75	1.1
12	0.1	0.32	4.60	4.14	56	1.5	0.8	1.3
12	0.2	0.32	5.44	5.02	90	1.5	0.8	1.3
12	0.3	0.32	7.11	8.28	122	1.5	0.8	1.3
14	0.1	0.4	5.02	4.60	59	1.8	1.2	1.7
14	0.2	0.4	8.28	5.86	91	1.8	1.2	1.7
14	0.3	0.4	7.53	6.69	123	1.8	1.2	1.7
16	0.1	0.48	5.44	5.02	60	2.2	1.5	2.0

（续表）

体重 （千克）	日增重 （千克）	干物质采 食量（千克）	消化能 （兆焦）	代谢能 （兆焦）	粗蛋白 （克）	钙 （克）	总磷 （克）	食盐 （克）
16	0.2	0.48	7.11	8.28	92	2.2	1.5	2.0
16	0.3	0.48	8.37	7.53	124	2.2	1.5	2.0
18	0.1	0.56	8.28	5.86	63	2.5	1.7	2.3
18	0.2	0.56	7.95	7.11	95	2.5	1.7	2.3
18	0.3	0.56	8.79	7.98	127	2.5	1.7	2.3
20	0.1	0.64	7.11	8.28	65	2.9	1.9	2.6
20	0.2	0.64	8.37	7.53	96	2.9	1.9	2.6
20	0.3	0.64	9.62	8.79	128	2.9	1.9	2.6

（2）育肥羊每天营养需要量

体重 （千克）	日增重 （千克）	干物质采 食量（千克）	消化能 （兆焦）	代谢能 （兆焦）	粗蛋白 （克）	钙 （克）	总磷 （克）	食盐 （克）
20	0.10	0.8	9.00	8.4	111	1.9	1.8	7.6
20	0.20	0.9	11.3	9.3	158	2.8	2.4	7.6
20	0.30	1.0	13.6	11.2	183	3.8	3.1	7.6
20	0.45	1.0	15.01	11.82	210	4.6	3.7	7.6
25	0.10	0.9	10.5	8.6	121	2.2	2.0	7.6
25	0.20	1.0	13.2	10.8	168	3.2	2.7	7.6
25	0.30	1.1	15.8	13.0	191	4.3	3.4	7.6
25	0.45	1.1	17.45	14.35	218	5.4	4.2	7.6
30	0.10	1.0	12.0	9.8	132	2.5	2.2	8.6
30	0.20	1.1	15.0	12.3	178	3.6	3.0	8.6
30	0.30	1.2	18.1	14.8	200	4.8	3.8	8.6
30	0.45	1.2	19.95	16.34	351	6.0	4.6	8.6
35	0.10	1.2	13.4	11.1	141	2.8	2.5	8.6
35	0.20	1.3	16.9	13.8	187	4.0	3.3	8.6
35	0.30	1.3	18.2	16.6	207	5.2	4.1	8.6
35	0.45	1.3	20.19	18.26	233	6.4	5.0	8.6
40	0.10	1.3	14.9	12.2	143	3.1	2.7	9.6

（续表）

体重（千克）	日增重（千克）	干物质采食量（千克）	消化能（兆焦）	代谢能（兆焦）	粗蛋白（克）	钙（克）	总磷（克）	食盐（克）
40	0.20	1.3	18.8	15.3	183	4.4	3.6	9.6
40	0.30	1.4	22.6	18.4	204	5.7	4.5	9.6
40	0.45	1.4	24.99	20.3	227	7.0	5.4	9.6
45	0.10	1.4	16.40	13.4	152	3.4	2.9	9.6
45	0.20	1.4	20.6	16.8	192	4.8	3.9	9.6
45	0.30	1.5	24.8	20.3	210	6.2	4.9	9.6
45	0.45	1.5	27.38	22.39	233	7.4	6.0	9.6
50	0.10	1.5	17.9	14.6	159	3.7	3.2	11.0
50	0.20	1.6	22.5	18.3	198	5.2	4.2	11.0
50	0.30	1.6	27.2	22.10	215	6.7	5.2	11.0
50	0.45	1.6	30.03	24.38	237	8.5	6.5	11.0

（3）怀孕母羊每天营养需要量

怀孕阶段	体重（千克）	干物质采食量（千克）	消化能（兆焦）	代谢能（兆焦）	粗蛋白（克）	钙（克）	总磷（克）	食盐（克）
怀孕的第1到第3个月	40	1.6	12.55	10.46	116	3.0	2.0	6.6
	50	1.8	15.06	12.55	124	3.2	2.5	7.5
	60	2.0	15.90	13.39	132	4.0	3.0	8.3
	70	2.2	16.74	14.23	141	4.5	3.5	9.1
怀单羔的第4个月至第5个月	40	1.8	15.06	12.55	146	6.0	3.5	7.5
	45	1.9	15.90	13.39	152	6.5	3.5	7.9
	50	2.0	16.74	14.23	159	7.0	3.7	8.3
	55	2.1	17.99	15.06	165	7.5	3.9	8.7
	60	2.2	18.83	15.09	172	8.0	4.1	9.1
	65	2.3	19.66	16.74	180	8.5	4.3	9.5
	70	2.4	20.92	17.57	187	9.0	4.5	9.9
怀双羔的第4个月至第5个月	40	1.8	16.74	14.23	167	7.0	4.0	7.9
	45	1.9	17.99	15.06	176	7.5	4.3	8.3
	50	2.0	19.25	16.32	184	8.0	4.6	8.7
	55	2.1	20.50	17.15	193	8.5	5.0	9.1
	60	2.2	21.76	18.41	203	9.0	5.3	9.5
	65	2.3	22.59	19.25	214	9.5	5.4	9.9
	70	2.4	24.27	20.50	226	10.0	5.6	11.0

（4）泌乳母羊每天营养需要量

体重 （千克）	泌乳重 （千克）	干物质采 食量(千克)	消化能 （兆焦）	代谢能 （兆焦）	粗蛋白 （克）	钙 （克）	总磷 （克）	食盐 （克）
40	0. 2	2. 0	12. 97	10. 46	119	7. 0	4. 3	8. 3
40	0. 4	2. 0	15. 48	12. 55	139	7. 0	4. 3	8. 3
40	0. 6	2. 0	17. 99	14. 64	157	7. 0	4. 3	8. 3
40	0. 8	2. 0	20. 5	16. 74	176	7. 0	4. 3	8. 3
40	1. 0	2. 0	23. 01	18. 83	196	7. 0	4. 3	8. 3
40	1. 2	2. 0	25. 94	20. 92	216	7. 0	4. 3	8. 3
40	1. 4	2. 0	28. 45	23. 01	236	7. 0	4. 3	8. 3
40	1. 6	2. 0	30. 96	25. 10	254	7. 0	4. 3	8. 3
40	1. 8	2. 0	33. 47	27. 20	274	7. 0	4. 3	8. 3
50	0. 2	2. 2	15. 06	12. 13	122	7. 5	4. 7	9. 1
50	0. 4	2. 2	17. 57	14. 23	142	7. 5	4. 7	9. 1
50	0. 6	2. 2	20. 08	16. 32	162	7. 5	4. 7	9. 1
50	0. 8	2. 2	22. 59	18. 41	180	7. 5	4. 7	9. 1
50	1. 0	2. 2	25. 10	20. 50	200	7. 5	4. 7	9. 1
50	1. 2	2. 2	28. 03	22. 59	219	7. 5	4. 7	9. 1
50	1. 4	2. 2	30. 52	24. 69	239	7. 5	4. 7	9. 1
50	1. 6	2. 2	33. 05	26. 78	257	7. 5	4. 7	9. 1
50	1. 8	2. 2	35. 56	28. 87	277	7. 5	4. 7	9. 1
60	0. 2	2. 4	16. 32	13. 39	125	8. 0	5. 1	9. 9
60	0. 4	2. 4	19. 25	15. 48	145	8. 0	5. 1	9. 9
60	0. 6	2. 4	21. 76	17. 57	165	8. 0	5. 1	9. 9
60	0. 8	2. 4	24. 27	19. 66	183	8. 0	5. 1	9. 9
60	1. 0	2. 4	26. 78	21. 76	203	8. 0	5. 1	9. 9
60	1. 2	2. 4	29. 29	23. 85	223	8. 0	5. 1	9. 9
60	1. 4	2. 4	31. 8	25. 94	241	8. 0	5. 1	9. 9
60	1. 6	2. 4	34. 73	28. 03	261	8. 0	5. 1	9. 9
60	1. 8	2. 4	37. 24	30. 12	275	8. 0	5. 1	9. 9
70	0. 2	2. 6	17. 99	14. 64	129	8. 5	5. 6	11. 0
70	0. 4	2. 6	20. 50	16. 70	148	8. 5	5. 6	11. 0

（续表）

体重 （千克）	泌乳重 （千克）	干物质采 食量（千克）	消化能 （兆焦）	代谢能 （兆焦）	粗蛋白 （克）	钙 （克）	总磷 （克）	食盐 （克）
70	0.6	2.6	23.01	18.83	166	8.5	5.6	11.0
70	0.8	2.6	25.94	20.92	186	8.5	5.6	11.0
70	1.0	2.6	28.45	23.01	206	8.5	5.6	11.0
70	1.2	2.6	30.96	25.10	226	8.5	5.6	11.0
70	1.4	2.6	33.89	27.61	244	8.5	5.6	11.0
70	1.6	2.6	36.40	29.71	264	8.5	5.6	11.0
70	1.8	2.6	39.33	31.80	284	8.5	5.6	11.0

（5）育成公羊每天营养需要量

体重 （千克）	日增重 （千克）	干物质采 食量（千克）	消化能 （兆焦）	代谢能 （兆焦）	粗蛋白 （克）	钙 （克）	总磷 （克）	食盐 （克）
20	0.05	0.9	8.17	6.70	95	2.4	1.1	7.6
20	0.10	0.9	9.76	8.00	114	3.3	1.5	7.6
20	0.15	1.0	12.20	10.00	132	4.3	2.0	7.6
25	0.05	1.0	8.78	7.20	105	2.8	1.3	7.6
25	0.10	1.0	10.98	9.00	123	3.7	1.7	7.6
25	0.15	1.1	13.54	11.10	142	4.6	2.1	7.6
30	0.05	1.1	10.37	8.5	114	3.2	1.4	8.6
30	0.10	1.1	12.20	10.00	132	4.1	1.9	8.6
30	0.15	1.2	14.76	12.10	150	5.0	2.3	8.6
35	0.05	1.2	11.34	9.30	122	3.5	1.6	8.6
35	0.10	1.2	13.29	10.90	140	4.5	2.0	8.6
35	0.15	1.3	16.10	13.20	159	5.4	2.5	8.6
40	0.05	1.3	12.44	10.20	130	3.9	1.8	9.6
40	0.10	1.3	14.39	11.80	149	4.8	2.2	9.6
40	0.15	1.3	17.32	14.20	167	5.8	2.6	9.6
45	0.05	1.3	13.54	11.10	138	4.3	1.9	9.6
45	0.10	1.3	15.49	12.70	156	5.2	2.9	9.6
45	0.15	1.4	18.66	15.30	175	6.1	2.8	9.6

（续表）

体重 （千克）	日增重 （千克）	干物质采 食量(千克)	消化能 （兆焦）	代谢能 （兆焦）	粗蛋白 （克）	钙 （克）	总磷 （克）	食盐 （克）
50	0.05	1.4	14.39	11.80	146	4.7	2.1	11.0
50	0.10	1.4	16.59	13.60	165	5.6	2.5	11.0
50	0.15	1.5	19.76	16.20	182	6.5	3.0	11.0
55	0.05	1.5	15.37	12.60	153	5.0	2.3	11.0
55	0.10	1.5	17.68	14.50	172	6.0	2.7	11.0
55	0.15	1.6	20.98	17.20	190	6.9	3.1	11.0
60	0.05	1.6	16.34	13.40	161	5.4	2.4	12.0
60	0.10	1.6	18.78	15.40	179	6.3	2.9	12.0
60	0.15	1.7	22.20	18.20	198	7.3	3.3	12.0
65	0.05	1.7	17.32	14.20	168	5.7	2.6	12.0
65	0.10	1.7	19.88	16.30	187	6.7	3.0	12.0
65	0.15	1.8	23.54	19.30	205	7.6	3.4	12.0
70	0.05	1.8	18.29	15.00	175	6.2	2.8	12.0
70	0.10	1.8	20.85	17.10	194	7.1	3.2	12.0
70	0.15	1.9	24.76	20.30	212	8.0	3.6	12.0